盘扣
制作入门必备

斐然 —— 著

《盘扣制作入门必备》
（手工类 978-7-5725-1277-3）

内容简介：

①盘扣制作，传统技艺与现代科技的结合。盘扣——旗袍上的扣子，既有扣合的功能，又具有很强的装饰性，被誉为"最美中国符号"之一。

②作者是苏派盘扣及盘艺饰品原创设计制作人，在传承古法制作的同时注重创新，将古典与时尚相融合，研发了胸针、挂坠等一系列衍生品，让传统工艺融入了现代生活。

③在介绍盘扣制作技巧时，避开了传统盘扣耗时又对手艺要求很高的手缝、刮浆等工艺，以现代科技和辅材代替，大大降低了制作难度，让更多的人能够享受到盘扣制作的乐趣。

④本书分为五部分：基础盘扣、传统盘扣、原创盘扣、原创盘艺、必备技法及制作方法。包含 60 款作品：扣子、耳坠、项链等。

⑤融媒体图书：配有详细的图片教程和视频教程，每款盘扣都配有走向图、缝制图、实物尺寸图及制作方法，帮助读者轻松完成精美的盘扣作品，实用性强。

★卖点简介★

①市场上同类型讲盘口制作的书很稀缺。

②风靡全球的国风服饰受众不拘泥于年龄、性别、国界，是潮人喜欢的时尚元素。

③盘扣是一项利用率非常高的手工艺术形式，融入现代设计的盘扣作品，不挑风格，各种衣服都能装饰。

④融媒体图书：本书作品精美，丰富多样，制作方法详尽，且配有视频教学。

⑤不到一年实现销售近 7000 册，至今仍是广受欢迎的盘扣制作代表性作品。

作者简介：斐然

①苏派盘扣及盘艺饰品原创设计制作人。

②苏州斐然心艺文化传播有限公司创始人。

③致力于推广非遗传统文化，担任苏州高博软件技术学院苏南民间手工艺学院特邀讲师，并常年对外开设盘艺制作课程。

前 言

这些年来一直从事盘扣及盘艺的设计与制作工作，从经典的传统款到原创的现代款，从衣服上的扣子到衍生的盘艺饰品，作品一件一件地积累下来，成了我十分珍视的一份财富。而现在我想拿出来与大家一起分享，一起学习。这样既可以让更多的人知道并了解盘扣的美，又可以让大家感受到盘扣制作的快乐，让美丽的盘扣不因现代工业化而"蒙尘"，让盘扣可以更好地融入现代生活，满足年轻人的需求，从而焕发出新的生命力，创造新的辉煌。

斐 然

苏派盘扣及盘艺饰品原创设计制作人——斐然（杨翠斐），是苏州斐然心艺文化传播有限公司创始人。传承古法制作的同时衍生创新，其设计制作的作品注重品质与功能性，推广非遗传统文化，并常年对外开设盘艺制作课程。

＊书中所有作品均有配套材料包出售，
　请关注作者小红书账号。

目
录
contents

盘扣概述

一、盘扣的历史演变

随着近几年传统文化的复兴，国风兴趣圈层的影响力越来越大，复古服饰流行，盘扣又开始慢慢进入人们的视线。小小的扣子灵巧精致，花样百变，是传统服装中不可缺少的点睛之笔，同时也被誉为中国传统文化符号之一。盘扣是集功能性和装饰性于一体的中国服饰元素，是形态最美的扣子。物件虽小，却饱含中华民族的独特文化。从最初的闭合衣物的功能性配件到现今成为独立存在的装饰艺术，其间亦经历了漫长的历史演变过程。

《周易·系辞下》云："上古结绳而治。"五千多年前，古人用结绳的方式来记事，传播信息。并且古人认为绳子是"神"的载体，用绳子编结出的图形，是具有功能性与文化性的图腾。这可谓是盘扣出现的缘起。

事物的出现皆因其具有某种功能需求，服饰由古人用以伪装遮体的兽皮、树叶发展而来。到商周时期，为使衣物合体保暖又不散落，就以绳带打结来束衣，这已是早期盘扣的雏形。山西侯马市东周墓出土的陶范腰带上打的蝴蝶结，已初具盘扣的功能。

图1

秦始皇陵兵马俑胸甲上的一字形褡襻（图1），已是基本成形的盘扣结构。

南北朝时期，梁武帝诗曰："腰中双绮带，梦为同心结。"看得出当时服饰以系带为主，盘扣为辅，在实用性之外也注重装饰性。盘扣已经开始成为一种情感寄托。

宋代出土的文物中有大量的带有一字扣的衣服。"巧盘诘曲同心纽，附绣回旋锦字诗。"（释义：弯弯绕绕灵巧地盘出了同心纽，满含深情一针一针绣出了情书。暗指情人之间的传情达意。）"盘花易绾，愁心难整，脉脉乱如丝。"（释义：盘扣花式繁复，但尚能盘制，这乱丝般的相思之情却怎样都难以排遣。盘扣已成为相思的象征物。）在浪漫的宋代人生活中，盘扣慢慢被普遍使用，这指间灵动的艺术，日趋精致，花样愈繁。也正因其突出的艺术性，盘扣成为文人墨客诗句中常见的寄情之物。

甘肃省漳县元代陇右王汪世显家族墓出土的菱花织金锦抹胸（图2），前开襟处九对盘扣为小巧的菊花扣，证实元代的盘扣造型已经丰富多样，装饰性更强，为上流社会人士认同并使用。

明代"花冠裙袄，大袖圆领"，衣物渐窄，人们对服饰也更为讲究，盘扣的钉缀位置也由衣里边缘逐渐到衣表边缘，服装在以系带为主的基础上，前襟上部大量出现金属、玉石等材质所制的子母扣。

清代满族的服装以袍、褂、衫、裤、坎肩为主，衣襟的系带被盘扣所替代，此时盘扣渐趋兴盛。普通百姓使用的大都还是基本的一字扣，花扣是身份的象征，只有有一定地位的显贵们才能使用。同时期的朝鲜和越南等地受到影响也开始使用盘扣，所以今天仍然可以看到东南亚一带国家的传统服装上有盘扣的存在。

民国时期，融合了中西方美学的旗袍出现，至此盘扣走上巅峰，花式盘扣大量出现，慢慢地形成了体系。

至此，盘扣的发展趋于成熟完美，意蕴独特，以极强的装饰性点缀着传统服饰，美化并丰富着人们的生活。

图2

二、常用传统款式

盘扣将中华民族的生存环境、文化内涵以及人们对美好生活的向往追求盘绕在了一起，承载着数千年来人们的精神梦想。它细腻婉约，寓意丰富，独具风韵，在服饰上起着画龙点睛的装饰作用。

盘扣款式丰富多样，种类繁多，林林总总，不下百十种。常见的传统款式有一字扣、双耳扣、蝴蝶扣、寿字扣等。有的以植物为主题，如石榴花扣、柳枝扣等；有的以动物为主题，如凤凰扣、金鱼扣等；有的以汉字造型为主题，如喜字扣、吉字扣等；有的以中国结为主题，如同心结扣、琵琶扣等；展现了中华民族强大的创造力和独特的审美情趣。

下图展示了部分常用款式。

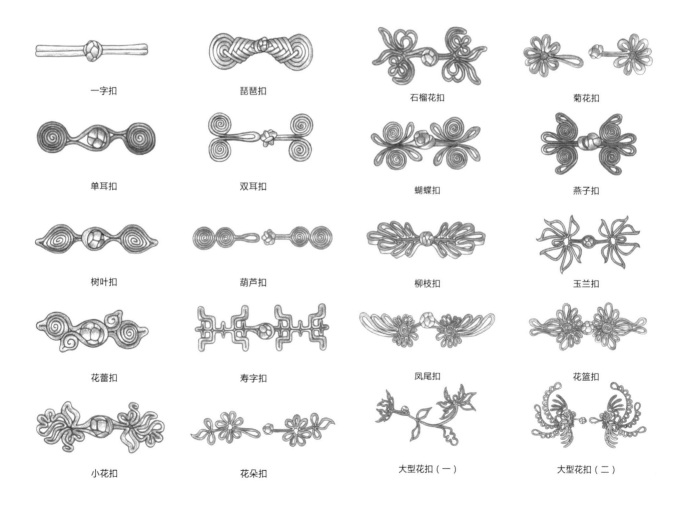

一字扣	琵琶扣	石榴花扣	菊花扣
单耳扣	双耳扣	蝴蝶扣	燕子扣
树叶扣	葫芦扣	柳枝扣	玉兰扣
花蕾扣	寿字扣	凤尾扣	花篮扣
小花扣	花朵扣	大型花扣（一）	大型花扣（二）

三、盘扣的分类

盘扣大致分为六类。

除一字扣外，其余亦可统称花扣。

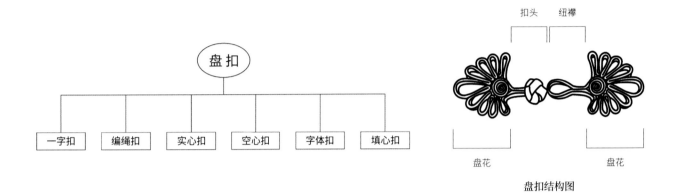

盘扣结构图

一字扣

一字扣是盘扣的基本款之一，寓意平安长寿，也是使用得最广泛的一款。

一字扣的制作重点是尾部的收口，要做到上下对称，不偏不倚。其次是扣子在扣合放平的情况下，以扣头为中心，左右要对称。

一字扣的钉缝也是很有讲究的。因为线迹均是明线，相比花扣的暗线缝合要求更高。线迹要高低宽窄一致，疏密匀称。所以一字扣虽然款式简单却是最难做、最见功力的扣子。

编绳扣

编绳扣是造型上最接近中国结的扣子，大多运用中国结花型的方法编制，同时也蕴含着中国结的美好寓意。

藻井结、盘长结、双联结、万字结等耳熟能详的中国结，加上扣头和纽襻，就可以改造出一对编绳扣来。

实心扣

实心扣又称盘香扣，把盘条卷成实心圆制作而成，因形状类似盘香而得名。

实心扣是盘扣中运用比较多的花扣。古时实心圆又被称作"耳"，所以实心扣的很多经典款式的名字中都带"耳"字，如单耳扣、双耳扣等。代表款式还有葫芦扣。

空心扣

空心扣的出现，使盘扣的花型得到了极大丰富，各种之前技法无法表现的图案，如花、草、鸟、兽等，都纷纷出现。

早期制作空心扣的盘条是不加铜丝的，称为软条，所以盘扣造型简单，线条不够细腻精致。后期为了更好地表现效果，改良了工艺，开始出现称为"硬条"的加了铜丝的盘条，它更便于造型，使得盘扣的立体感更强，也更加精致美观。

字体扣

字体扣，顾名思义是用汉字为图形来制作的扣子，字体扣古时日常生活中并不多见，一般在特定场合使用，如庆典、祭祀、婚礼、寿宴等。使用的字大多是福、禄、寿、喜、吉等讨口彩的字样，字体大都是现代所说的艺术字体，也有字形与图案相结合的设计，书法字体比较少见。

填心扣

填心扣是盘扣中工艺最复杂、款式和题材最多的扣子。独特的填心工艺使盘扣不再仅仅是简单的线条构图，而有了点、线、面的多维呈现效果。填心工艺丰富了盘扣的表现力，填补了工艺上的不足，使盘扣绽放出令人惊艳的缤纷容颜。

四、盘扣的应用

盘扣使用最多的地方还是在传统的旗袍以及中国风的服装上，一枚小小的扣子，却可以在色彩、形状、疏密关系等方面与主体形成对比，给整件衣服赋予古色古香的雅韵。下面结合本书中的作品简单说明一下盘扣的使用方法，希望对大家有所帮助。

旗袍款式类

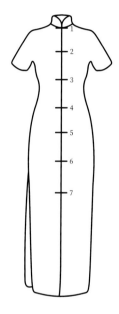

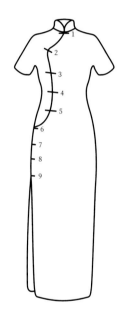

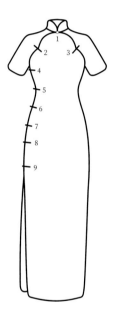

这类对襟款式，使用最多的是一字扣，如果是较隆重的场合也适合使用造型简洁统一、尺寸较小、对称的花扣，如缠丝一字扣、竹节编绳扣、梅花填心扣等。

这类斜襟款式，可使用多种类型的盘扣，如1、3~9位置可用一字扣或简洁对称的小花扣。2位置可用不对称造型的大花扣，如蝶形不对称扣、粉黛、春色等。想要简洁低调的效果可以使用统一造型的同款扣子。

这类款式，2、3两个位置是亮点，可使用对称花扣，如如意、透碧等，其余位置为了衬托均宜使用一字扣，或者1位置使用更简洁的一粒扣头。随着创新设计的盛行，现在也会在2、3位置使用内容呼应、款式不同的盘扣。

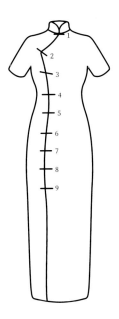

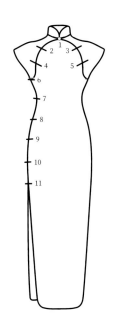

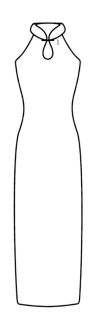

这类款式，2 位置可以搭配大花扣或字体扣，如落英、粉黛、寿字扣、玉字扣、吉字扣等。也可以不突出 2 位置，使用统一的一字扣或小花扣，如钱纹填心扣等，这样的效果更端庄更大气。

这类款式，2、3、4、5 位置是亮点，因为数量较多，所以不适合使用大花扣，精致小巧的对称款小花扣即可，如菊花填心扣、兰花填心扣等，其余位置宜使用单颗扣头或者一字扣。

这类款式，适合使用对称款的盘扣，如蝴蝶填心扣、金鱼扣等。

新中装款式

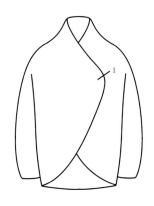

这类款式，简洁雅致，盘扣的使用数量不多，所以可以选择较为夸张的大花扣，如祥云、凤舞等。

这类披肩斗篷款式，使用的盘扣距离脸部较近，不太适合尺寸太大的，造型精巧、尺寸适中的盘扣最好，如玉兰、雀羽等。如要选择不对称款，建议使用莺飞、锦簇等。

这类款式，盘扣的选择范围较广，尺寸及造型不太受限，均可以有很好的点睛效果，也可以直接使用盘艺饰品里的胸针，如岚羽、紫玉兰等。

不仅如此，盘扣也被运用到了帽子上、腰封上，成为一种装饰符号，传递着民族风韵。由盘扣而衍生的盘艺，开拓了更为广阔的表现天地，脱离服装，独立成一种饰品艺术，耳饰、胸针、项链、挂件……

基础盘扣

入／门／篇

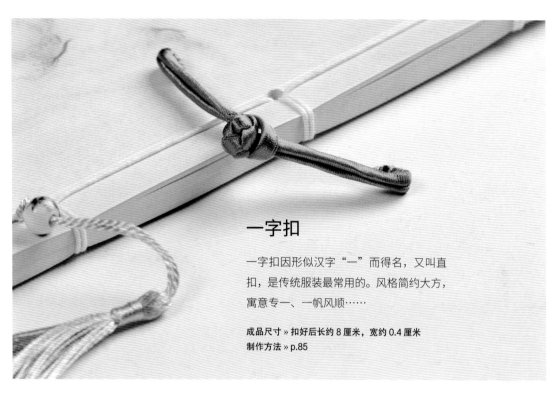

一字扣

一字扣因形似汉字"一"而得名，又叫直扣，是传统服装最常用的。风格简约大方，寓意专一、一帆风顺……

成品尺寸 » 扣好后长约 8 厘米，宽约 0.4 厘米
制作方法 » p.85

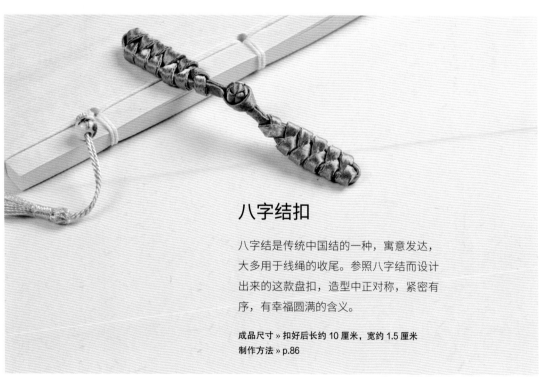

八字结扣

八字结是传统中国结的一种，寓意发达，大多用于线绳的收尾。参照八字结而设计出来的这款盘扣，造型中正对称，紧密有序，有幸福圆满的含义。

成品尺寸 » 扣好后长约 10 厘米，宽约 1.5 厘米
制作方法 » p.86

实心扣

这款扣子左边三个实心圆，右边七个实心圆，以扣头、纽襻及其延长线为中轴线排列组合。在中国传统文化中，三代表多，七代表和谐，三和七凑成十，又代表着十全十美、圆满等，寓意极为美好。

成品尺寸 » 纽襻部分：长约 4 厘米，宽约 2.6 厘米
　　　　　 扣头部分：长约 5 厘米，宽约 3.9 厘米
制作方法 » p.87

✿ 斐然说

这种不对称款式的花扣一般用于旗袍的第二粒扣的位置，也就是斜襟处，所以这类扣子又叫斜襟扣，是一件旗袍的亮点，特别引人注意，也是令旗袍师傅最费心神的部位之一。传统旗袍"镶、嵌、滚、宕、盘、绣"几大工艺中的"盘"指的就是盘扣，上百种可选花样更是为旗袍增添了无限韵味。传统旗袍一般采用九粒扣，除第二粒斜襟扣是不对称的款式之外，其余八粒一般都是对称款，当然也有九粒都是对称款的情况，视风格而定。

空心扣

这款空心扣造型是含苞的花蕾，虽寥寥几根线条，却呈现了花苞、花托、叶片、花枝等诸多细节，小巧可爱，适合各种场合。

成品尺寸 » 扣好后长约 11 厘米，最宽处约 4 厘米
制作方法 » p.88

汉字填心扣

喜，代表着人们趋吉纳福、渴望生活幸福美满的祈愿，如
出门见喜、平安喜乐等。这款喜字扣填心部分巧妙地做了
心形的艺术处理，更增加了喜上加喜、心心相印的寓意，
非常适合传统婚礼服饰上使用。

成品尺寸 » 扣好后长约 14 厘米，最宽处约 2.5 厘米
制作方法 » p.92

 斐然说

为了追求更为精致立体的效果，也可以做成金色与红色双色盘条的字体扣，
这样相当于给字体做了描金的勾边，更加出彩了。双色盘条的造型要点参见
第 90 页，盘扣的制作方法与单色盘条喜字扣相同。

双色填心扣

这款花扣，以鸢尾花为原型，上部花瓣空心造型灵秀飘逸，下部花芯和花托填心造型厚实稳重，上下比例协调，婉转延展的花瓣似乎正在随风轻舞。整对扣子淡雅端庄，温润如玉，适合搭配各种场合。

成品尺寸 » 扣好后长约 11 厘米，最宽处约 4 厘米
制作方法 » p.90

传统盘扣

◎ 初一级一篇 ◎

缠丝一字扣

红色盘扣尾部的心形收尾，比传统的
翻折收尾更可爱俏皮，两端缠绕的金
丝线是点睛之笔，为整对扣子增加了
华丽感，适合搭配节日服装。

成品尺寸 » 扣好后长约 9 厘米，宽约 0.4 厘米，
扣头结直径约 1 厘米（女装用，红色款）
制作方法 » p.95

竹节编绳扣

这款盘扣因编织纹类似龟甲竹的竹节
而得名。中国传统文化中，竹子有着
淡泊坚毅、正直清廉、虚心抱节的风
范，所以这种扣子一般男装使用较多。

成品尺寸 » 扣好后长约 12 厘米，宽约 1.5 厘米
制作方法 » p.95

多耳实心扣

这款多耳实心扣由多个实心圆组合拼接，大小错落，款式中正对称，适合做斜襟扣，也可以作为改良中式开衫或外套的连接扣。

成品尺寸 » 扣好后长约 10 厘米，宽约 2.2 厘米
制作方法 » p.97

花篮扣

这是一款实心圆和空心扣相结合的扣子。中间的实心圆有立体的螺旋效果，对称的空心线条隐约勾勒出花篮模样，透着浓浓的复古气息，很适合搭配正式场合的服装。

成品尺寸 » 扣好后长约 12 厘米，最宽处约 4.5 厘米
制作方法 » p.98

双色花朵空心扣

花朵造型娇俏可爱，活泼又不失端庄，双色盘条、双层设计，既突出了花瓣的层次感，又从色彩上增强了视觉效果。扣子精致华美，搭配什么服装都是点睛之笔。小扣适合做领扣，大扣适合做斜襟扣。

成品尺寸 »（扣好后）

　　　　小扣长约 8.5 厘米，最宽处约 5 厘米

　　　　大扣长约 11 厘米，最宽处约 7 厘米

制作方法 » p.99

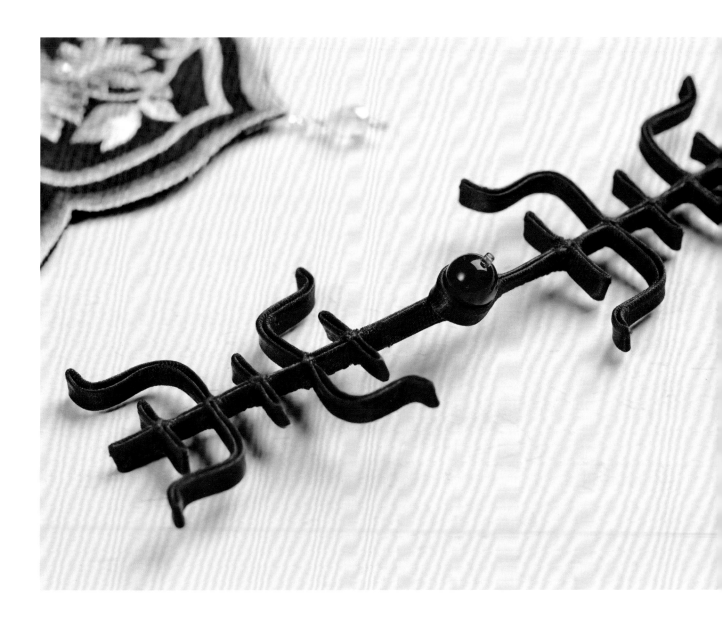

寿字扣

这款盘扣采用传统寿字纹的造型，极简的线条干净
利落，低调又不失装饰性。因为寓意福寿安康绵长，
所以这款盘扣自带喜庆气氛，适合搭配传统服装或
者节庆服装。

成品尺寸 » 扣好后长约 12.5 厘米，宽约 4.3 厘米
制作方法 » p.100

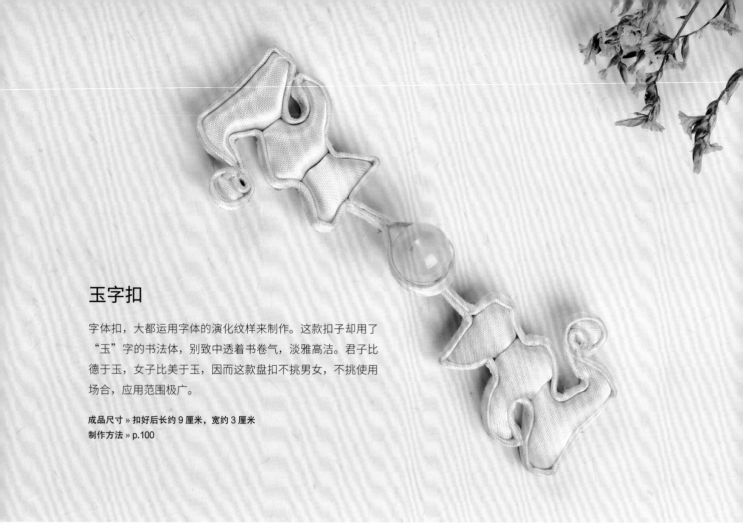

玉字扣

字体扣，大都运用字体的演化纹样来制作。这款扣子却用了
"玉"字的书法体，别致中透着书卷气，淡雅高洁。君子比
德于玉，女子比美于玉，因而这款盘扣不挑男女，不挑使用
场合，应用范围极广。

成品尺寸 » 扣好后长约 9 厘米，宽约 3 厘米
制作方法 » p.100

吉字扣

"吉"字有吉祥、吉庆、吉利的意思，所
以多被用在日常或者节日的聚会服装上，
以示祈福。

成品尺寸 » 扣好后长约 12 厘米，宽约 4.5 厘米
制作方法 » p.101

梅花填心扣

梅花被誉为群花之魁，象征着坚强高洁、凌寒不屈的品性，因而梅花主题的盘扣备受青睐。这对盘扣风车形的花瓣线条虽简单却充满动感，相较于普通五瓣的梅花造型更有新意。玫红色的花朵娇俏美艳，搭配在服装上衬得人比花娇，顾盼生姿。

成品尺寸 » 扣好后长约 9 厘米，宽约 3 厘米
制作方法 » p.101

钱纹填心扣

钱纹是传统的吉祥纹饰，外圆内方的设计，不仅暗合了古人天圆地方的宇宙观念，也反映了人们和谐通达的为人处世之道。这款盘扣对钱纹样式稍作改良，线条更圆润柔美，寓意招财进宝、富贵圆满。

成品尺寸 » 扣好后长约9厘米，宽约3厘米
制作方法 » p.102

蝶形不对称扣

充满灵性的蝴蝶，美丽、梦幻，象征爱情、理想等
美好的事物，所以蝴蝶造型的传统盘扣非常受人喜
爱。这款双色盘扣，改变了传统的对称设计，做了
不对称的侧面造型，使整体图案有了延伸感，线条
流畅舒展，似有"蝶恋花"之意趣。适合搭配中式
改良服装。

成品尺寸 》扣好后长约 12.5 厘米，最宽处约 6 厘米
制作方法 》p.103

填心细节

菊花填心扣

这款盘扣的菊花图案纤细秀美，配色雅致，十分耐看。细节上，某些花瓣没有做整片的填心，而是在顶部做局部填心，使花瓣呈现出菊花特有的丝缕形状，生动逼真。中心处的小爱心设计，灵动活泼，惹人喜爱。

成品尺寸 » 扣好后长约 9.5 厘米，宽约 6.5 厘米
制作方法 » p.104

蝴蝶填心扣

这是一款正面造型的蝴蝶盘扣，中正对称，线条优美，深邃的宝蓝色给蝴蝶增加了神秘色彩。在设计上，对比色填心靓丽抢眼，翅膀运用内外圈双层线条制作更有层次。你若盛开，蝴蝶自来；蝴蝶已来，你亦清美如花。

成品尺寸 » 扣好后长约 12 厘米，宽约 5.5 厘米
制作方法 » p.105

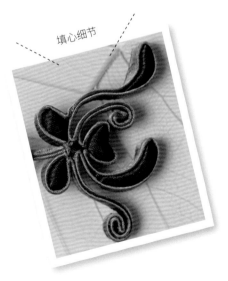

填心细节

兰花填心扣

兰花以其形美、色雅、花幽香而成为"君子"和"香草美人"的代称，古代文人雅士就有身佩兰花的习惯。这款盘扣采用紫色系，浓淡相宜，雅致幽远，小巧精致，能很好地衬托出女性温婉柔美、蕙质兰心的特点，搭配各种风格的服饰都很合适。

成品尺寸 » 扣好后长约 9.5 厘米，最宽处约 5.5 厘米
制作方法 » p.106

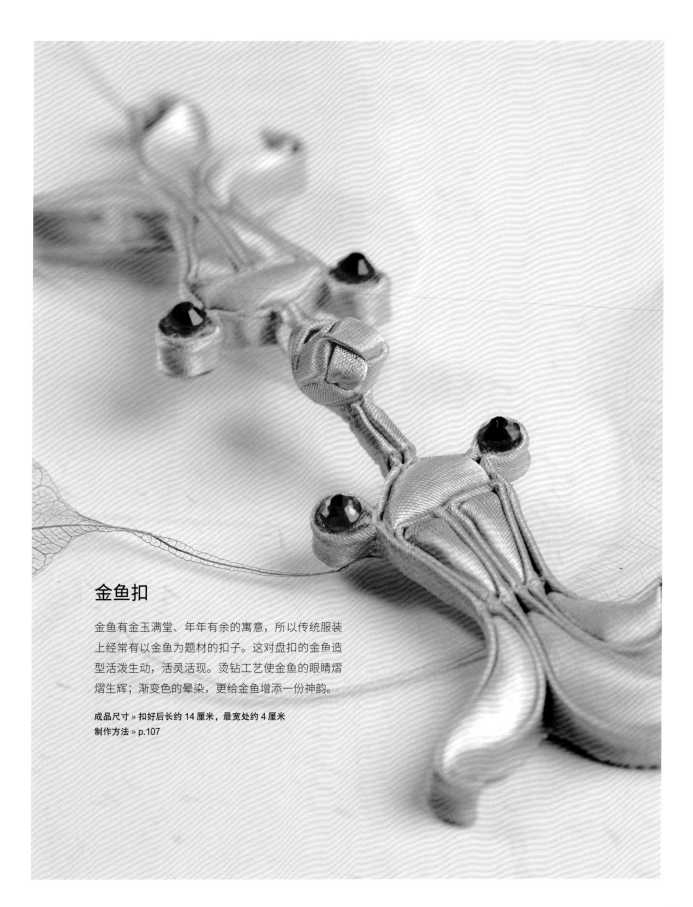

金鱼扣

金鱼有金玉满堂、年年有余的寓意，所以传统服装上经常有以金鱼为题材的扣子。这对盘扣的金鱼造型活泼生动，活灵活现。烫钻工艺使金鱼的眼睛熠熠生辉；渐变色的晕染，更给金鱼增添一份神韵。

成品尺寸 » 扣好后长约 14 厘米，最宽处约 4 厘米
制作方法 » p.107

原创盘扣

进/阶/篇

原创盘扣相比于传统盘扣，加入了一些现代元素，很有新中式的味道，也更符合现代人的审美观念。工艺上融合了一些其他手工艺的技法，如烫钻、珠绣、晕染等，令盘扣展现出了别样的风情。新颖配件的使用，如水晶、滴胶花片、羽毛等，令盘扣的款式更加变化多样，创意无限。

落英

芳草鲜美，落英缤纷……一如这款盘扣，无限美好。
明媚艳丽的色彩十分吸睛，线条造型柔美现代，
花片及米珠的搭配使盘扣更多元时尚，更富有立
体效果。

成品尺寸 » 扣好后长约 10 厘米，最宽处约 7 厘米
制作方法 » p.108

扣头、纽襻细节

粉黛

粉黛娉婷艳，芝兰笑语香。

粉嫩的颜色，衬托出花朵的娇艳。盘绕的枝条丛中，
有绚烂绽放的花朵，有嫩绿的叶芽，还有悄悄探
头的含苞欲放的花蕾，令人仿佛身处摇曳的花丛
中，心旷神怡。

成品尺寸 » 扣好后长约 16 厘米，最宽处约 7.5 厘米
制作方法 » p.109

祥云

祥云纹样是中国传统吉祥符号之一。这对扣子尺寸较大，极具装饰性。舒卷的形态，流动飘逸的曲线，呈现出强烈的节律感和动势。双层盘条设计使线条、色彩更有层次，视觉张力更强。适合宽松飘逸的长款服装。

成品尺寸 » 扣好后长约 19 厘米，最宽处约 5 厘米
制作方法 » p.110

如意　这款盘扣造型借鉴了传统锁片，同时采用了传统
纹样如意纹，寓意吉祥如意、趋吉避凶、平安长寿。
配色上使用咖啡色与黑色，极富古典气息，底布
用了定位花面料，营造出了镶嵌效果，很有创意。

成品尺寸 » 扣好后长约 12 厘米，最宽处约 4 厘米
制作方法 » p.111

透碧

这款盘扣的灵感来自苏式花窗，采用空心扣的方法制作，利用花窗借景的原理，使服装面料的花纹或底色可以透过扣子的花纹隐约呈现，很有新意。

成品尺寸 » 扣好后长约 10 厘米，宽约 4 厘米
制作方法 » p.112

凤舞

古代传说中，凤是百鸟之王，是吉祥、尊贵、和谐与坚韧的象征。这款盘扣美轮美奂，七彩凤凰昂首展翅，高雅奋进之感扑面而来。制作上更是结合了多种工艺，如钉珠、晕染、流苏配件等，摆脱了传统制作的模式，更显时尚。

成品尺寸 » 扣好后长约 17 厘米，最宽处约 7 厘米
制作方法 » p.113

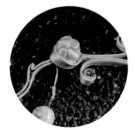

扣头、纽襻细节

填心细节

紫蝶

这款紫色蝴蝶造型的盘扣，虽是双色盘条，但又不是传统的制作方法，单条和双条穿插制作，线条更丰富、更有层次。仿佛彩蝶寻香而来，误停足于身上。

成品尺寸 » 扣好后长约 10 厘米，宽约 4 厘米
制作方法 » p.114

蓝锦

锦鲤，象征好运、幸福、长寿。怀着这样的祝愿，设计了这款不对称的盘扣。右边的水草部分与左边的锦鲤相呼应，使整对扣子更具动感和情趣。大大的飘逸的尾巴，使锦鲤显得灵动优雅、丰润庄重。

成品尺寸 » 扣好后长约 14 厘米，最宽处约 5.5 厘米
制作方法 » p.115

赤金

红色代表吉祥喜庆，金色代表高贵富有，两者搭配，极富东方韵味。这款盘扣造型简洁，配色隆重，适合搭配中式婚礼的礼服。被光线照射的金色水晶珠，熠熠生辉，灿若星辰，仿若摘下了最美的星星佩戴在身上。里面藏着什么样的心愿和祝福呢？

成品尺寸 » 扣好后长约 11 厘米，最宽处约 5.5 厘米
制作方法 » p.119

春色

绿叶加藤蔓给人欣欣向荣的感觉；用晕染表现绿色由浅到深的变化，自然生动。叶片处，填心与钉珠相结合，呈现出阳光洒在叶子上的光影感。整对扣子洋溢着春的气息，佩戴在身上，自成一道迷人风景，令人心动。

成品尺寸 » 扣好后长约 18 厘米，最宽处约 8 厘米
制作方法 » p.116

莺飞

草长莺飞二月天，拂堤杨柳醉春烟。仿若春天
的信使，小黄莺衔着树叶翩然而至，带来好风景、
好时光。展翅的黄莺活泼可爱，搭配轻轻摇曳
的流苏更具有动感。整件作品配色明亮清新，
适合搭配轻灵飘逸的服装。

成品尺寸 » 扣好后长约 10 厘米，最宽处约 6 厘米
制作方法 » p.117

锦簇

不局限于某一种花的形态，而是将心中理想的花的样子呈现出来，于是有了这款华美大气的盘扣。用金色米珠与填心穿插表现花瓣，使花朵更显璀璨光芒。而不同颜色的花瓣的组合，给作品增添了一丝神秘与梦幻。

成品尺寸 » 扣好后长约 14 厘米，最宽处约 5 厘米
制作方法 » p.118

钉珠细节

填心细节

玉兰

明代学者彭年曾盛赞玉兰：色与玉同洁，香将兰共芳。作为早春之花，春寒料峭之时，它已先叶而开，敢为天下先；花开灼灼，姿态优雅，清香怡人。这对玉兰盘扣配色雅致，花枝遒劲，清丽脱俗的花朵傲立枝头，尽显女子的高贵娴静。

成品尺寸 » 扣好后长约 10 厘米，宽约 4.5 厘米
制作方法 » p.120

比翼　这款盘扣配色素雅干净，像极了爱情的纯洁与美好。夸张的尾部及触须的卷曲线条增加了飘逸感，蝴蝶采用侧面造型，姿态优美，灵动可爱。搭配各种场合及服装都适宜。

成品尺寸 » 扣好后长约 13 厘米，最宽处约 5 厘米
制作方法 » p.121

知秋

碧云天，黄叶地，秋色连波，波上寒烟翠。秋景比起春色来，丝毫不逊色。想象着壮阔瑰丽的秋景，设计了这款稳重婉约的盘扣。五彩斑斓的配色尽显秋意浓浓。这对盘扣适合搭配黄绿色系及咖色系的秋装。

成品尺寸 » 扣好后长约 12 厘米，最宽处约 8.5 厘米
制作方法 » p.122

雀羽

古代，皇帝会把雀羽制作的花翎赏赐给有重大功勋的官员以示荣耀。慢慢的，雀羽有了升官发达、镇宅兴家、忠贞爱情等象征意义。这款盘扣用天然羽毛作配件，新颖别致、富有创意；配色高冷，极富气场。羽毛的轻盈感中和了盘扣线条的硬挺，使整对扣子刚柔并济，极具风情。

成品尺寸 » 扣好后长约 13 厘米，宽约 3 厘米（不含羽毛）
制作方法 » p.123

夏花

生如夏花之绚烂，死如秋叶之静美。在夏季炙热的阳光下绽放的花朵，自带耀眼无比的荣光，是一种辉煌灿烂的生命状态。如夏花般肆意怒放而充满激情，是设计制作这对盘扣时想要表达的想法和祝福。

成品尺寸 » 扣好后长约 15 厘米，最宽处约 10 厘米
制作方法 » p.124

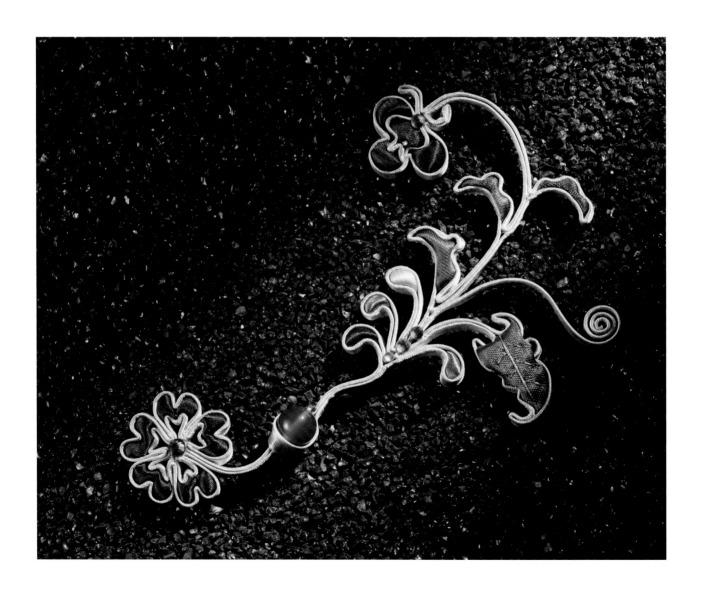

瑞禾

稻禾题材的盘扣有五谷丰登、风调雨顺、生活无忧的寓意，表达了人们对幸福生活的追求。这款盘扣以银色为主调，突出沉稳厚重的感觉，红色的填心，表达出喜悦的心情、喜庆的气氛，适合搭配过年等喜庆场合的服装。

成品尺寸 » 扣好后长约 14.5 厘米，宽约 6.5 厘米
制作方法 » p.125

朝颜　朝颜这款盘扣，配色比较百搭，新中式的线条设计，既保留了传统元素，又加入了现代风格。所以这款盘扣除了搭配传统服装外，也可与新中装结合使用。

成品尺寸 » 扣好后长约 13 厘米，最宽处约 6 厘米
制作方法 » p.126

扣头、纽襻细节

填心细节一

填心细节二

霜叶

停车坐爱枫林晚，霜叶红于二月花。在秋风萧瑟的季节，层林尽染，漫山遍野的红叶，丝毫没有衰败的凄凉，竟比鲜花还要热烈。这种壮阔的景象让人动容。以盘扣为载体留住这份美丽，使之成为常存不败的风景，实乃一桩乐事。

成品尺寸 » 扣好后长约 15 厘米，最宽处约 7 厘米
制作方法 » p.127

原创盘艺

◎ 欣／赏／篇 ◎

盘扣，号称最美中国符号，纵使时光荏苒，依然魅力不减。虽然盘扣的使用场合及范围较有限，但是这种工艺却在新世纪有了新的表现形式——盘艺。产品形态不拘泥扣子，而具有了更多的艺术性和装饰性，可以是耳坠，可以是胸针，可以是项链，可以是摆件……虽然是传统手工艺，但却很好地融入了现代生活，展现了新的风采。在盘扣技法中融入现代的工艺元素和创意设计，制作出的盘艺作品，既保留了传统元素，还可以与时尚服装搭配，或者用于居家装饰，因而受到了更多年轻人的喜爱。让我们一起进入流光溢彩的盘艺世界吧！

{胸针系列}

紫/玉/兰

玉兰花的花语是高尚的灵魂。因为寓意勇敢、大方、纯洁，因而玉兰花胸饰非常受女性欢迎。这款胸针，桃红色填心镶以淡粉色边缘，娇艳明媚中隐约透出一丝雅致。用天然小米珍珠作点缀，更突出女性温润如玉的特质。

成品尺寸：4.5 厘米×7 厘米

成品尺寸：6 厘米×5.5 厘米

岚/羽

这是一款自带气场的高冷风胸针。以孔雀羽毛为底衬，上面是繁茂盎然的花朵造型，有花开富贵之寓意。整体采用冷色调，突出东方的神秘清冷之美；细节处点缀金线、水晶珠等，增添一丝柔媚和优雅。背面固定针托，搭配帽子、套装、风衣、小礼服都游刃有余。

51

成品尺寸：4厘米×4厘米

朱／颜／翠／羽

这是一款亮色调的小巧胸针，搭配素雅干净的衣服最为合适。温暖的橘色搭配亮色的天然羽毛，飘逸别致，别有一番韵味。除了作胸针还可以作帽饰哟。

成品尺寸：主体 7 厘米×5.5 厘米

惜／蝶

这款项链以蝴蝶和花朵为设计元素，既有花朵的妩媚，又有蝴蝶的飘逸。靛蓝的静与深邃，撞上嫩绿的蓬勃生机，进发出奇妙的视觉效果。水晶珠以及流苏的加持，让作品更显华美。

芳／菲

「桃之夭夭，灼灼其华」
用来形容这款作品最为恰当。

虽然只有两朵，
但却能让人感受到一团团、
一簇簇桃花怒放时的繁盛鲜妍。

三层盘条造型突出了桃花的茂盛，
时而空心时而填心的设计
表现出花朵的虚实，
加上金粉、水晶珠的装饰，
作品显得娇媚富丽。

锦／绣

这是一款颜值在线又贵气十足的项圈。

锦鲤造型寓意吉祥好运、金玉满堂，非常适合节日里佩戴。

水晶珠晶莹剔透，被照射时，光华流转，熠熠生辉，让金鱼恍若有了生机一般。

长长的流苏，随着人的移动而轻轻摇曳，平添一番风情。

成品尺寸：主体 8.5 厘米×6 厘米

紫／荆

紫荆花开之时，
一团团一簇簇紧紧相拥，
满枝条的紫红色热情奔放，
渲染着鼓舞人心的激情。
将小小的紫荆花设计成耳坠，
希望能带来好心情。

成品尺寸：主体 2.8 厘米×2.8 厘米

成品尺寸：主体 3 厘米×5.5 厘米

鸿／运／当／头

这是一款不对称的耳坠，很有设计感又非常时尚，适合新年或者喜庆的场合佩戴。

一侧是葫芦造型，寓意福禄、兴旺、驱邪消灾，一侧是灯笼的变化造型，寓意红红火火。

成品尺寸：主体 1.7 厘米×2.8 厘米

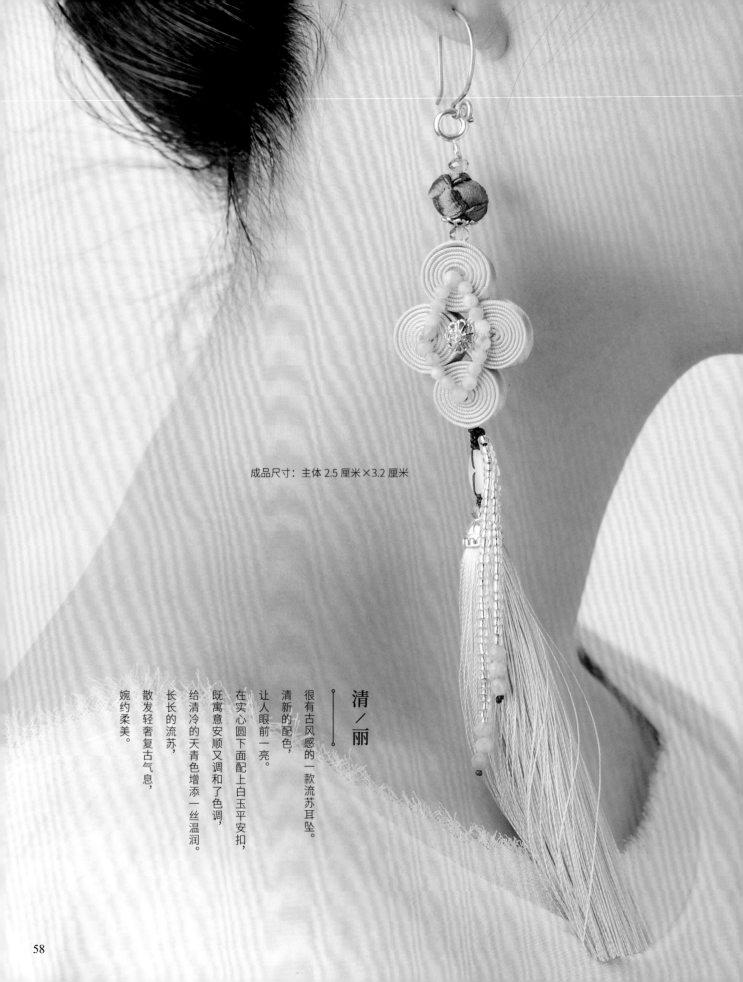

成品尺寸：主体 2.5 厘米×3.2 厘米

清／丽

很有古风感的一款流苏耳坠。

清新的配色，让人眼前一亮。

在实心圆下面配上白玉平安扣，既寓意安顺又调和了色调，给清冷的天青色增添一丝温润。

长长的流苏，散发轻奢复古气息，婉约柔美。

繁／花

饱满娇艳的花朵，
虬曲蜿蜒的花枝，
正如中国山水画一般充满意境之美。
永不谢幕的花朵造型，
轻轻在耳畔飘荡，
自成迷人风景。

成品尺寸：主体4厘米×6厘米

成品尺寸：主体5厘米×6.5厘米

锦／上／添／花

这款挂坠，
配色和造型都非常有特色。
既为莲花造型，
但花瓣又好似舒卷的云朵。
宫廷风配色，
大气高贵，
可以作包挂、壁挂、腰挂等。

成品尺寸：主体 10 厘米×5.5 厘米

双／面／青／花

这款挂坠是双面观赏的，
正反两面的图案工艺完全一样，
非常适合悬挂起来。
青花瓷的造型和用色，
非常有中国特色，
因为瓶寓意平安、财运，
所以作为礼物送人是非常受欢迎的。

成品尺寸：主体 5.5 厘米×8.5 厘米

胸针主体尺寸：
5.5 厘米×5 厘米

项链主体尺寸：
7 厘米 ×5.5 厘米

耳坠主体尺寸：
1.5 厘米 ×1.5 厘米

蝶／韵

这套饰品，
使用了蝴蝶、天然珍珠、
流苏等元素，
以天青色等冷色调为主，
用晶莹通透的水晶珠来调和，
整体给人淡雅飘逸、温润华美的感觉。
适合夏季佩戴，
既可成套搭配，
也可单件使用。

项链主体尺寸：
9 厘米 ×9 厘米

胸针尺寸：
4.5 厘米 ×5 厘米

嫣／然

这套饰品由胸针和项链组成。

造型虽然简单但很有设计感，

大红、宝蓝，用色大胆，

两种浓烈的颜色碰撞到一起，并不俗气，

在金色米珠、白色绸布的托衬下，

反而呈现出华丽庄重、明净美艳的感觉来。

耳坠主体尺寸：
3.5 厘米×6 厘米

项链的链绳使用了活扣，
可以调节长度，
非常适合搭配简单的衬衫，
让领口与众不同。
配套的耳坠，主色调相同，
但又有少许变化，
让人感受到颜色渐变的美妙。

项链主体尺寸：
8.5 厘米×6.5 厘米

盘艺相较于盘扣，制作要求更高一些。盘扣是钉缝在服装上的，所以重视正面效果。而盘艺作为单独呈现的作品，有可能被全方位地观察欣赏，所以细节上需要更精致，工艺技法也比盘扣更为复杂。

为了让盘艺作品更加精彩独特、富有创意和艺术性，不仅越来越多的工艺被吸收运用到盘艺制作中，而且盘艺也正在和更多的手工艺品结合创作，成为一种独特的、具有浓郁东方特色的装饰艺术。

异彩纷呈的盘艺画卷正在徐徐打开……

盘扣的改造

通过前面的学习，我们已经知道如何通过纸样来制作盘扣了。只要针对基本技法勤加练习，大家都能制作出漂亮精致的盘扣来。盘扣精美，若只运用在服装上作扣子，太可惜了。想让它在耳畔摇曳，想把它悬于胸前、腰侧，想让它装扮最爱的包包，怎么办？

其实盘扣经过改良或者再设计，完全可以变得更时尚百搭，更具有装饰性。下面就来看看一款盘扣是如何变身成漂亮的项链的吧。

改造后

成品尺寸 »
扣好后长约 12 厘米，
最宽处约 5.5 厘米

改造前

制\作\教\程\

[**所需盘条**]（含耗损量）硬烫条：粉色仿真丝色丁斜裁布条 50 厘米×2.5 厘米、70 厘米×2.5 厘米，双面黏合衬条 2.4 米，铜丝 1.2 米

[**其他材料**] 边长 6 厘米的正方形填心布块（粉色、深粉色、玫红色、紫色）、项链绳（含连接部件，随个人喜好搭配）、直径 1 厘米的淡粉色圆珠 1 颗、直径 2 毫米的米珠（金色、紫红色）若干、直径 6 毫米的花托 2 个、棉花、封底用单面黏合衬、与盘条面料同色的缝线

[**注意事项**] 造型线条流畅圆润，缝线整齐，针距均匀。

< 制作要点 >

1 根据图纸，用硬烫条经过造型、缝合、填心、封底等步骤，制作出盘花部分。

2 参照缝制图缝合。红点为需要缝合的位置，缝制时参照图中红线依次缝合。

3 设计出盘花部分的摆放位置。可以充分发挥自己的想象力，根据喜好进行设计。

4 图中红点是需要用针线缝合的地方，要求缝线紧致牢固，不露线迹，圆珠如图可以用来做成一个小坠子。

5 搭配简单的连接部件、项链绳，一款项链就完成了。搭配日常服装也妥妥的，很吸睛。

一般用盘扣改造饰品的话，都是把扣头和纽襻的盘花部分做组合。如果是直接设计饰品，就可以做完整的盘花部分，不用特意拼接。

组合设计时要注意构图的平衡，空心部分与填心部分要均匀分布，避免重复和重心偏移。主体轮廓规整，不要生搬硬凑。

除了项链，盘扣还可以改造成耳坠、包挂及其他饰品。如果是对称的盘扣且尺寸不是太大，加上耳钩配件就可以制作成耳坠，比较简单。如果是斜襟扣、形状又不适合做组合的，不必勉强，可以分开制作，加上流苏等配件，小的可以做胸针、压襟、手机链，大的可以做项链、包挂等。

总之一切皆有可能，设计制作会给您带来惊喜和成就感。可以根据自己的喜好，发挥想象力，做出具有自己特色的盘艺作品来，无论是自用还是作为礼物送人，都是非常独特且令人难忘的。

｛盘扣制作必备技法｝

☺ 准备工作

» 工具 盘扣的制作工具虽然常见，但是有些使用方法却略有区别，下面详细介绍一下。

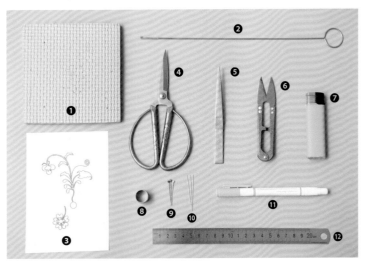

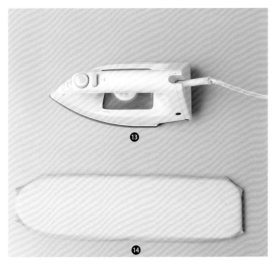

❶ **泡沫板：** 造型时垫在图纸下面，方便大头针定位，多为厚度约 2 厘米、边长约 20 厘米的正方形，长方形亦可。

❷ **翻里器：** 制作机缝翻条时，用于将布条从反面翻到正面。

❸ **图纸：** 制作盘扣时用的样稿，普通 A4 纸的厚度即可，不要太薄，图案尺寸要为实物大小。

❹ **布剪：** 专门用于剪盘条或面料。

❺ **镊子：** 用于造型及修整细节。

❻ **纱剪：** 专门用于剪断线头及修剪细微处。

❼ **打火机：** 烫烧线头及面料的毛边，防止绽线。

❽ **顶针：** 缝制时戴在手指上保护手指不被针扎到。

❾ **大头针：** 制作盘条或盘花造型时起固定作用。

❿ **手缝针：** 用于缝合布条、固定造型、钉缝盘扣等。

⓫ **水消笔：** 用于做标记，笔迹遇水就会消失，可保证面料不被笔迹污损。有时也用铅笔代替。

⓬ **钢尺：** 用于测量布块、盘扣等的尺寸。制作盘扣时常用的是 20 厘米的尺子。裁剪整幅面料时，可选择 1~2 米的长尺。

⓭ **熨斗：** 熨烫布条（布块）及封底等，使布面平整，制作效果更好。

⓮ **烫垫：** 熨烫时垫在下面保护桌面。

» 材料

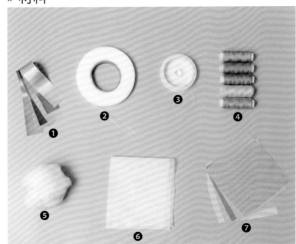

❶ **布条：** 用于制作盘条，需 45 度斜裁（详见第 69 页布条的裁制）。

❷ **双面黏合衬条：** 制作烫条时，用来黏合烫条的上、下布边。书中作品均使用 1.2 厘米宽的双面黏合衬条。

❸ **铜丝：** 硬烫条里加上铜丝，方便造型。书中作品均使用直径 0.4 毫米的铜丝。

❹ **缝线：** 牢度较好的涤棉线，普通家用缝线亦可。

❺ **棉花：** 填心时用的填充芯料。

❻ **单面黏合衬：** 用于盘扣封底及部分盘条制作，一般选择 30~40 克 / 米 ^{2} 的规格即可。

❼ **填心布块：** 填心时包住棉花的面料。填心布块每边都要比需要填心的部分大至少 1.5 厘米，不论形状。

» 面料

原则上可以制作服装的面料都可以用来制作盘扣，只是用料不同，呈现的效果也各有特色。棉麻类面料制作的盘扣适合搭配休闲随意的服装，真丝类面料制作的盘扣适合精致优雅的高档服装。随着改良服装越来越受欢迎，所搭配扣子的用料也变得丰富多样，种类繁多。

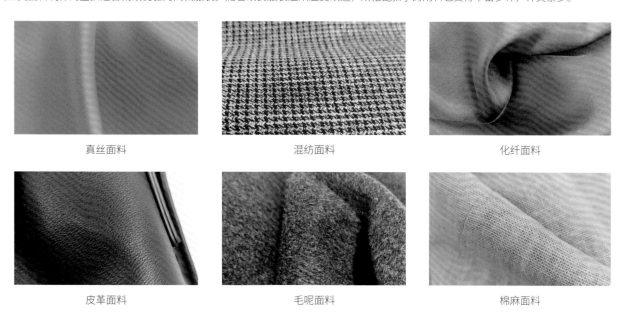

真丝面料　　　　　　　　　混纺面料　　　　　　　　　化纤面料

皮革面料　　　　　　　　　毛呢面料　　　　　　　　　棉麻面料

» 布条的裁制

盘条制作前，首先要把面料裁成布条，需要 45 度斜裁，不能横裁或竖裁，否则制作的盘条容易不服帖。所以一般将面料先裁成正方形再裁成布条。整卷布的宽度（也叫门幅、幅面）多为 150 厘米，如仿真丝色丁面料。真丝面料窄一些，有 90 厘米的。还有一些其他尺寸的。

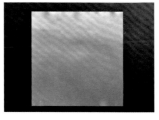

● 注意：制作手缝盘条和机缝翻条时需要烫黏合衬。制作软烫条和硬烫条时不需要烫黏合衬，用面料直接制作。

1 裁剪边长为布料宽度的正方形布块。此处为边长 150 厘米的正方形。

2 准备与布块尺寸一样的单面黏合衬。

3 用熨斗把黏合衬烫在布块上，要求熨烫服帖不脱胶。

▶ 要点：宽度 2.5 厘米的布条，制作出的盘条宽度为 0.5~0.6 厘米。如需自行设定，盘条宽度约为布条宽度的 1/4，可依据这个比例计算需要的间距。由于斜裁布条有伸缩性，实际制作的盘条宽度会有 1 毫米左右的误差。

2.5 厘米

4 用水消笔或者铅笔在黏合衬的一面画出裁剪线条。常用间隔宽度为 2.5 厘米，也可根据需要自行调节。

5 按照画好的线条剪开。

6 布条裁好了。

» 盘条的制作 （教程中为了显示出缝合线迹，使用了对比色的缝线。实际制作中，请使用与面料颜色相同或相近的缝线。）

盘条是制作盘扣最关键的部分，它对花型的塑造至关重要。盘条分为手缝盘条、机缝翻条、软烫条、硬烫条等。手缝盘条采用的是比较传统的制作方法，已经较少使用了。随着工艺的日新月异，出现了机缝翻条，现在大部分旗袍上的一字扣用的都是机缝翻条。手缝盘条和机缝翻条比较适合制作一字扣、编绳扣、扣头和纽襻。软烫条适合做扣头和纽襻、实心扣，硬烫条适合做空心扣、字体扣、纽襻、填心扣的盘花部分。

✳ 手缝盘条

▶ 要点：手缝盘条的粗细可根据需要确定，男款粗女款细，秋冬服装粗，春夏服装细。

手缝盘条的布条宽度与其他盘条的不同，通常是绳子的截面周长加上两侧内扣边儿（毛缝）的宽度（一般为 0.5 厘米），为了缝制时包裹更紧致，再减去 1~2 毫米即为布条的宽度。

[例] 绳子截面周长为 0.7 厘米，两边毛缝各 0.5 厘米，那么所需布条宽度即为：0.7+0.5+0.5-0.1=1.6（厘米）。

1 准备 1 根绳子，材质不限，颜色比布料浅即可。图例为了方便识别特意选了颜色较鲜明的绳子。

2 把布条两边内扣，居中对齐，烫平。

3 绳子居中放置。

4 如图用布条把绳子包紧后用卷针缝的方法缝制，每一针的下针方法如图，要求线迹均匀，间距一致。

5 缝制完成后，盘条呈现饱满的圆柱形，手缝盘条完成。

正面　　反面

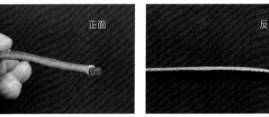

✳ 机缝翻条

▶ 要点：书中作品使用的机缝翻条，均在距离对折线 0.5 厘米处机缝。

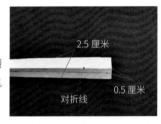

2.5 厘米

对折线　　0.5 厘米

1 布条反面朝外对折，烫出对折线。距离对折线 0.5 厘米处用铅笔画一条线。

2 用缝纫机沿画线缝合，要求宽窄一致。

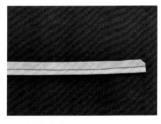

3 缝合完成。

4 把翻里器钩子的一头如图从布条一端穿入。

5 翻里器从布条另一头穿出后，用钩子钩住布边，把布条翻至正面。注意：钩子要钩牢布边，不要脱钩。

6 整理后熨烫平整，完成。

✳ 软烫条

1 准备物品：宽 2.5 厘米的布条，不用烫黏合衬；宽 1.2 厘米的双面黏合衬条 2 根。

2 中间放入 1 根双面黏合衬条后，两边内扣对齐，烫平。修剪端头。

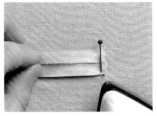

3 熨烫时可用大头针把布条一头如图固定在烫垫上，这样烫条不容易变形。

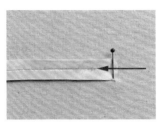

注意： 布边不要重叠，对齐的缝要居中，宽窄一致。

4 放上第 2 根双面黏合衬条。

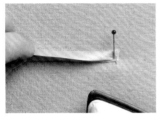

5 上下对折用大头针固定后烫平。修剪端头。

6 软烫条完成。

✳ 硬烫条

1 准备物品：宽 2.5 厘米的布条，不用烫黏合衬；宽 1.2 厘米的双面黏合衬条 2 根；直径 0.4 毫米的铜丝。

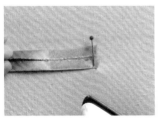

2 中间放入 1 根双面黏合衬条后，两边内扣对齐，烫平。

3 继续放入 1 根双面黏合衬条，最后放上铜丝，铜丝位置要居中。

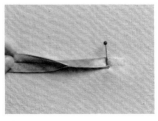

4 上下对折。熨烫时，铜丝位置始终在对折线上，不要移位。熨烫后修剪端头。

5 硬烫条完成，因为有铜丝，所以更方便造型。

> ❀ 斐然说
>
> 由于双面黏合衬条是采用现代技术的服装辅料，古时候并没有，所以传统盘条的制作工艺都是上浆（又称刮浆）。上浆工艺比较繁复，除非必须，建议采用更为方便、效果也好的现代烫衬工艺。

◎ 扣头结制作的两种方法

为了便于分辨,使用双色拼接的机缝翻条做示范,拼缝处为盘条的中点。正常制作时,不建议拼接盘条。

方法一 >>

1 把盘条中点搁在食指上。

2 把紫色部分按照图示绕到拇指上。

3 把食指上的圈套到拇指上。

4 拇指上紫色圈越过白色圈套到中间。

5 拿起白色部分一头,穿入拇指上的白色圈。

6 从手指上取下。

7 稍微整理,盘条不能拧扭,并使中点调整到图示位置。

8 把盘条两端按照图示穿过。

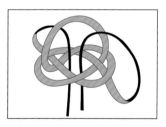

结构图

9 此时扣头结大致完成。

10 为了外形更精致美观,用镊子不断收紧扣头结,使其成为坚实的球状。

11 扣头结完成。

扫码看视频

72

扣头结有多种打法，这里把另一种方法也分享给大家。

1 把盘条中点搁在食指上。

2 把紫色部分按照图示绕到拇指上。

3 紫色圈搭在白色部分上面。

4 把白色部分从紫色圈里拉出。

5 白色盘条一端穿过白色圈。

6 整理盘条，不要拧扭。

7 从手指上整个取下，找到中点，并调整位置。

8 把盘条两端按照图示穿过。

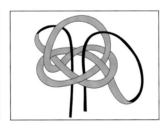

结构图

9 用镊子收紧扣头结，使其成为坚实的球状。

10 扣头结完成。

◎ 扣头、纽襻的三种衔接方法

扣头、纽襻的衔接方法，大都用在硬烫条制作的花扣上，因为硬烫条不适合制作扣头。为了盘扣主体的美观、扣子扣合时的方便，可以根据情况选择使用下面三种方法。为了便于识别，这里扣头或纽襻使用了与盘花部分颜色不同的面料，实际制作时，一般会选用同样的面料。

方法一、二的反面效果

方法一、二的正面效果

方法一 >>

这种方法适用于盘花部分预留了扣头或纽襻尾部的情况。
以扣头为例进行讲解。机缝翻条打好扣头结，尾部留 2.5 厘米，也可根据喜好自定长短。

1 如图，把尾部的线迹拆开。翻折布端约 0.5 厘米。

2 折叠完成。

3 盘花尾部留 1.5 厘米。用扣头尾部分别包住，仅在反面缝合。

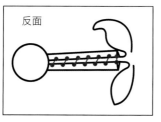
反面

4 红点为需要缝合的位置，缝制时参照图中红线夹着中间的盘条一起缝合。

方法二 >>

这种方法适用于盘花部分没有预留扣头或纽襻尾部的情况。
以纽襻为例进行讲解。手缝盘条、机缝翻条、软烫条均可，纽襻尾部可根据喜好自定长短。

1 把制作的纽襻的尾部直接塞进预留的缝合位置，用针线固定。

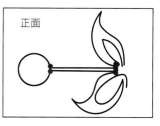
正面　反面

2 红点为需要缝合的位置，缝制时参照图中红线。

扫码看视频

方法三 >>

此方法适用于扣头不留尾部的情况。纽襻是盘花部分的盘条直接连着做的。

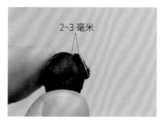
2~3 毫米

1 扣头结尾端修剪到剩 2~3 毫米，用打火机稍稍烫烧一下毛边。天然面料的话就涂一点布用锁边液。

2 从需要钉扣头结的对折盘条的中间入针，从正面出针。

3 缝针穿过扣头结尾部，稍稍挑起即可。从盘条对侧相应位置入针，同样方法继续缝合。

4 为了显示缝合线迹，此处没有拉紧。扣头结颜色根据需要可与盘条同色，也可选用不同色的。

◎ 钉扣

一字扣与花扣的钉缝方法十分不同。

» 一字扣的钉缝方法

一字扣因为是两根盘条并在一起的造型，所以用明线钉缝，这样可以把两根盘条固定到一起，长时间使用也不会分开。

如果用暗线钉缝，经过多次洗涤，一字扣容易从中间分开变形。

一字扣钉缝线迹均是明线，所以缝线要尽量与面料颜色一致。图中缝线的选色是为了对比明显，容易分辨。

1 在需要缝扣子的地方画上定位线，缝合时注意扣子的中缝与定位线对齐。右侧的布边代表衣服的门襟边，钉缝时门襟边位于扣头结的1/2处。

2 出针的位置尽量贴近扣子底部。

3 下针点一般是盘条宽度的1/2处，线迹高度一致，间距均匀。

4 缝合完成后的样子。

◎ **斐然说**

老裁缝师傅对一字扣的要求是盘条圆润饱满，尺寸左右对称，钉在衣服上要笔直挺立，针距均匀，好像一条蚕宝宝。这种工艺上的评定方法在坊间口耳相传，一代一代地传承了下来。

» 花扣的钉缝方法

花扣要求用暗线。花扣制作完成后是一个整体，没有一字扣容易从中间分开变形的顾虑，所以为了美观，需要藏匿线迹，故用暗线钉缝。

1 如图所示，出针位置尽量贴近扣子。

2 入针位置距离扣子底边1毫米左右，针距要均匀一致。

3 缝合完成。

◎ 盘扣的搭配原则

在选择时，一般从服装面料的质地、颜色、花纹等角度进行考虑。

下面的几个例子是常用的搭配方式，其实制作扣子的面料及材质不限，只要与服装相得益彰即可。

看绲边 >>

扣子选择与绲边质地相同的面料，一般以真丝或仿真丝面料最为常用，颜色可相同或相近。

[例] 旗袍面料是织锦缎，绲边是真丝面料，扣子是同样厚度的真丝面料，颜色与绲边颜色为同色系。

看花纹 >>

如果服装用料颜色花纹比较花哨，扣子可选同色系纯色面料。

[例] 服装采用现代混纺面料，扣子选用同色系仿真丝色丁面料。

看质地 >>

扣子与服装用料一样。

[例] 这款棉麻料男装，扣子与衣服用料一样，显得浑然一体、古朴儒雅。

看颜色 >>

服装可选择对比色系的扣子作为点睛装饰。扣子也可选择除布料外的其他材质，只要与服装匹配即可。

[例] 服装是灰色系织锦缎与羊绒面料，选红色玛瑙珠作为珠扣点缀，甚为抢眼。

综合考虑 >>

[例] 服装是厚实的羊绒面料，为避免厚笨，扣子选用与绲边一致的真丝面料，扣子填心部分颜色较靓丽，有画龙点睛之效，使得本来素雅的衣服多了一丝灵动，更精致出彩。

创新性运用 >>

[例] 即使是没有做绲边的日常现代装，面料粗狂厚实，也一样可以搭配真丝面料的扣子。国风元素的点缀富有创意，更显高端有内涵。

◎ 配件

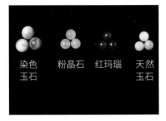

❶ 用作扣头圆珠。

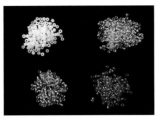

❷ 直径 2 毫米的米珠，用作扣头圆珠的顶珠，或装饰盘花部分。

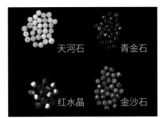

❸ 用于装饰盘花部分。

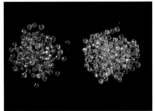

❹ 3 毫米切面水晶，用于装饰盘花部分。

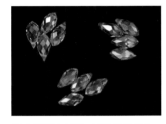

❺ 水滴形水晶珠，用作吊坠装饰。

❻ 金色花托，用作花芯部分的装饰。

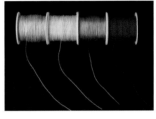

❼ 71 号玉线，用于制作流苏。

❽ 冰丝流苏线，用于制作流苏。

❾ 绣线，用于装饰填心部分。

❿ 烫花颜料，用于填心部分的颜色晕染。

⓫ 金葱胶，可使填心部分具有闪粉效果。也可使用金属珠光水彩颜料，效果更华美自然。

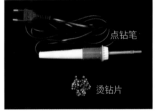

⓬ 可将烫钻片牢固地烫粘在布料上，装饰盘扣。

» 花托的钉缝方法

1 从底部起针，从花托正面出针。在右侧相邻花托孔中入针。

2 同样方法继续缝合。

3 缝线颜色建议用白色或接近花托的颜色。

4 完成。

77

» 缝合扣头圆珠

方法一 >> 适合非硬烫条制作的扣子。

1 如图入针，线结藏在盘条中间。

2 穿上圆珠。

3 在盘条中间位置重复缝 2~3 次。

4 圆珠与盘条之间留 0.2~0.3 毫米空隙。

5 用线缠绕圆珠底部，须绕紧，缠绕 3~4 圈。

6 如图出针，打结，线结藏在盘条中间。

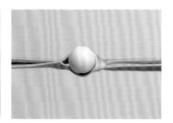

7 完成。

方法二 >> 适合非硬烫条制作的扣子。

1 如图入针，线结藏在盘条中间。

2 穿上圆珠及米珠。

3 针避开米珠从圆珠穿回。

4 如图出针，圆珠与盘条之间留 0.2~0.3 毫米空隙，重复步骤 2、3 两到三次。

5 用线缠绕圆珠底部，须绕紧，缠绕 3~4 圈。

6 如图出针，打结，线结藏在盘条中间。

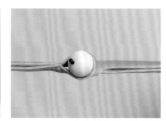

7 完成。

方法三 >> 适合硬烫条制作的扣子。

1 在盘条上方靠近铜丝的地方入针，线结藏在盘条中间。

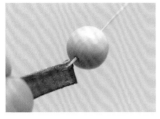

2 穿上圆珠。

3 如图出针。

4 圆珠与盘条之间留0.2~0.3毫米空隙，重复步骤2、3两到三次。

5 用线缠绕圆珠底部，须绕紧，缠绕3~4圈。

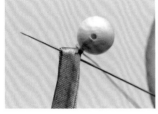

6 如图出针，打结，线结藏在盘条中间。

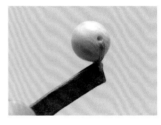

7 圆珠钉在盘条上方，方便硬烫条扣子开合。

8 完成。

» 结粒绣

1 背面入针。将线在针上缠绕3圈。实际制作时，根据线的粗细和结的比例调整绕线的圈数。

2 从出针点入针。

3 收紧线圈，从背面拉出线固定。

4 完成后的效果。

» 装饰线

1 从背面入针，从正面出针。

2 再次入针。

3 在同一位置出针，继续缝线条。

4 如果绣花蕊，建议绣出长短错落的效果。

» 流苏制作

图中使用的是可以调节直径的流苏帽。如果用固定尺寸的流苏帽，玉线扎紧后可以使用卡尺（专门测量圆直径的尺）测量一下粗细，与流苏帽的直径一样或者略大一点均可。

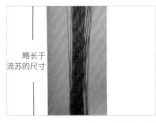

1 准备一张硬纸板，略长于流苏的尺寸。绕线，流苏的粗细按个人喜好决定。

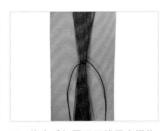

2 绕完后如图用玉线居中捆扎束紧。

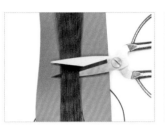

3 反面在居中位置，如图用剪刀剪开。

4 流苏初步完成。

5 玉线上穿上流苏帽。

6 打结固定流苏帽，若紧接着还要穿入其他装饰物，也可省略。

7 穿上装饰圆珠，打结固定。

8 玉线留出襻圈尺寸，以便可以扣上扣头结。尺寸确定后可以用大头针固定，方便接下来制作。

9 大头针固定好线圈后如图编绕。为便于理解，用不同颜色标记了两根线。

10 如图继续编绕后收紧。同样方式也可多打几次，收紧线结。

11 剪去多余线头，用打火机烫平，并依所需长度将流苏底部剪齐。完成。

扫码看视频

» 晕染

1 准备烫花颜料，取需要的颜色。

2 颜料加水（大约 1:3）搅拌至充分溶化。可根据调后的颜色浓淡增加水或颜料。

3 在需要晕染的位置刷一点清水，使其充分湿润。

4 笔尖轻轻点染。如果要染多种颜色，等前一种颜色半干时再点染下一种颜色。

» 钉珠

1 需要钉珠的位置，先烫好单面黏合衬作底。在底部出针，穿入 1 颗米珠。

2 在出针处旁边入针。然后紧挨着米珠出针。

3 穿入 2 颗米珠。紧挨出针位置入针，使米珠有微微拱起的效果。

4 继续穿入米珠，空间越大，穿入的米珠数量也相应增加。

5 照此方法，继续钉缝米珠。图为穿入 7 颗米珠。

6 钉满米珠的效果如图。建议使用与米珠同色的线，这里为了对比效果用了异色线。

7 步骤 7~9 演示双色渐变效果的钉缝方法。如图第 1 种颜色的米珠先钉满 1/3 的区域。然后穿入第 2 种颜色的米珠 3 颗。

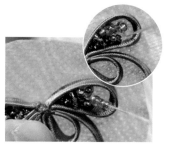

8 第 2 种颜色的米珠如图穿插钉缝在第 1 种颜色的米珠之间。

9 完成的效果如图。

10 步骤 10~15 演示缠绕米珠的钉缝方法。如图穿上一长串的米珠。

11 进行缠绕。

12 调整缠绕效果后，取下多余米珠。

13 在反面缝 1 针收尾。记得做回针加固。

14 打结，注意线结不要露在盘条外面。

15 完成。

扫码看视频

81

» 装饰配件图

落英

绿色圆圈：银色米珠
紫色星形：玫红色花片（花片
中间是银色米珠）

粉黛

红色圆点：暗红色水晶六棱珠
绿色圆点：灰色水晶珠

凤舞

圆圈：米珠（银色、天蓝色、宝蓝色、紫罗兰色）
喷色：金葱胶（蓝色、紫色、绿色亮粉）
和烫花颜料（蓝色、紫色、绿色）

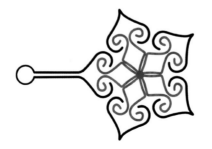

透碧

蓝色圆点：绿色水晶六棱珠

紫蝶

灰色圆圈：银色米珠

蓝色圆圈：花托

蓝锦

绿色线条：银色绣线

蓝色线条：宝蓝色缝线

绿色六角星：花托

蓝色大圆点：烫钻片

天蓝色小圆圈：天蓝色米珠

灰色小圆圈：银色米珠

春色

绿色小圆圈：绿色米珠

秋香色小圆圈：秋香色米珠

黄色小圆圈：黄色米珠

紫色线条：金色绣线

黄色和绿色喷色：晕染的大致位置

莺飞

绿色小圆圈：主绿秋香色米珠

黑色圆点：黑色结粒绣

主绿秋香色和绿色喷色：晕染的大致位置

锦簇
黄色圆圈：金色米珠

赤金
黄色圆圈：金色水晶珠

夏花

黄色大圆点：直径 3 毫米的金色烫钻片
黄色小圆点：直径 2 毫米的金色烫钻片
浅绿色圆点：直径 2 毫米的浅绿色烫钻片
中绿色圆点：直径 3 毫米的中绿色烫钻片
深绿色圆点：直径 3 毫米的深绿色烫钻片
黄色线条：金色绣线

霜叶

黄色圆圈：金色水晶珠
绿色和黄色喷色：绿色和金色金葱胶的
大致涂抹位置

◎ 步骤教程 书中作品均采用仿真丝色丁面料制作，也可根据个人爱好选择其他面料，参见第 69 页和第 76 页。

» *lesson 1* 一字扣的制作方法 | 彩图见 p.11

[所需盘条]（含耗损量）

- 机缝翻条：使用蓝色仿真丝色丁斜裁布条 55 厘米×2.5 厘米。制作时，在距离对折线 0.5 厘米处机缝，完成后裁成 2 根，长度分别为 20 厘米和 30 厘米
- 或手缝盘条：使用蓝色仿真丝色丁斜裁布条 55 厘米×1.6 厘米，直径 0.3~0.4 厘米的绳子 55 厘米。制成盘条后，裁成 20 厘米长、30 厘米长的盘条各 1 根

[其他材料] 与面料同色的缝线

[注意事项] 一字扣扣好后左右对称。为了对比明显，容易识别线迹，图中使用了色差较大的线缝合。实际制作时请选择与面料颜色相同或相近的缝线。

< 制作要点 >

◈ **扣头部分**

1 长 30 厘米的盘条居中打好扣头结，一般扣头结直径为 1 厘米左右。

2 挨着扣头结开始做卷针缝，针距 0.3~0.4 厘米，要保持一致。缝线不要拉得太紧，否则，扣子正面的中缝会分得太开不贴合。

3 缝至约 4.3（新手建议 4.5）厘米处，绕线两圈固定。

4 尾端用剪刀沿 45 度角方向剪断。

5 如图绕线两至三圈固定。

6 尾部折弯，缝合固定。

7 扣头部分完成。

◈ **纽襻部分** 各类盘扣的襻圈均可按照这里的方法决定大小。

   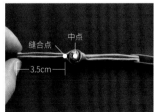

8 襻圈的大小，根据扣头结的尺寸来定。将 20 厘米长的盘条的中心松松地绕扣头结一圈，用手指固定。

9 缝合固定襻圈，第 1 针用回针固定。

10 盘条正面如图缝 1 针，防止襻圈正面分开。挨着襻圈做 4 厘米的卷针缝，其余操作与扣头部分一样。

11 一字扣完成。扣头部分要比纽襻部分长 0.3 厘米左右，扣合后才能左右对称。

[所需盘条]（含耗损量）机缝翻条：使用绿色仿真丝色丁斜裁布条1米×2.5厘米。制作时，在距离对折线0.5厘米处机缝，完成后裁成40厘米长和55厘米长的盘条各1根

※ 没有大块面料的情况下，可以用45厘米×2.5厘米和60厘米×2.5厘米的斜裁布条分别制作盘条。

[其他材料]与面料同色的缝线

[注意事项]扣子编织部分左右对称，编织的松紧度一致。为了对比明显，容易识别线迹，图中使用了色差较大的线缝合。实际制作时请选择与面料颜色相同或相近的缝线。

< 制作要点 >

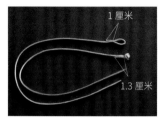

1 用55厘米长的盘条，制作扣头部分，打好结后盘条长约35厘米。用40厘米长的盘条制作纽襻部分，缝好襻圈后盘条长约35厘米。

2 取扣头部分，如图绕一个圈，长约4厘米。

3 盘条按图示从下往上穿进圈里。

4 盘条按图示绕过圈从上往下穿进圈里。

5 用同样方法，继续盘编。要求编好的部分松紧一致。

6 按照人字形走向盘编。

7 直至把圈编满。

8 盘条尾部放在扣子反面。

9 缝合固定。

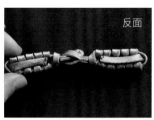

10 纽襻部分同样方法制作。完成。

✿ 斐然说

细心的读者已经发现了，扣头的"脖子"（扣头尾部）要比纽襻的"脖子"长。因为扣合时，扣头的"脖子"会被遮挡一部分，所以为了扣合后左右对称，扣头的"脖子"要比纽襻的长0.3~0.5厘米（薄面料0.3厘米，厚面料0.4厘米，有些冬款面料甚至是0.5厘米），对于新手来说，可适当再加0.1~0.2厘米的余量。有经验的老师傅，也会先做好一侧，测量好长度后再做另一侧。当然，不对称设计的盘扣不用考虑这些。

[所需盘条]（含耗损量）均为软烫条

- 绿色仿真丝色丁斜裁布条 30 厘米×2.5 厘米、双面黏合衬条 60 厘米，纽襻用

- 绿色仿真丝色丁斜裁布条 50 厘米×2.5 厘米、双面黏合衬条 1 米，扣头用

- 绿色仿真丝色丁斜裁布条 45 厘米×2.5 厘米 4 条、双面黏合衬条 3.6 米

※ 盘条具体用量以制作要点步骤 1、2 为准，制作时剪去多余的盘条。

　 如果使用整幅的面料可以裁成较长的布条制作盘条，然后再按需裁剪长度。

[其他材料] 与面料同色的缝线

[注意事项] 每个实心圆直径尺寸一致，盘卷的松紧度一致。为了对比明显，容易识别线迹，图中使用了色差较大的线缝合。实际制作时请
　　　　　　　选择与面料颜色相同或相近的缝线。

< 制作要点 >

  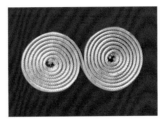 

1 测量制作一个实心圆所需的盘条长度。先用镊子夹住盘条一头，盘卷至实心圆直径为 1.3 厘米。

2 用大头针做记号。然后展开实心圆，测量从大头针处到盘条一头的长度。这里为 21 厘米。

3 用 42 厘米长的盘条制作方向相反的两个实心圆的部件。可边盘边缝，也可先用大头针固定最后再缝。制作 4 个。

4 打好扣头结，缝好纽襻。扣头和纽襻较长的那根盘条各制作一个实心圆。注意，扣头尾部比纽襻尾部长 0.3 厘米左右。缝合方法如下。

< 实心扣的缝合方法 > 这里以纽襻为例进行讲解。扣头的缝合方法请扫码观看视频。

1 圆心处起针，外侧出针，翻转实心扣，再次从圆心附近入针，穿透所有圈在另一个圆的边缘出针。

2 从出针点往回在第一个圆的边缘入针，至另一个圆的圆心出针。若面料较厚，可以少穿几圈。

3 从圆的外侧入针，圆心出针，打结收针。圆心处能很好地隐藏线结。两个圆就缝好了。

4 如图用大头针固定各部件，然后开始缝合。

5 从第一个圆的圆心入针，从第二个圆的圆心出针。同样方法继续缝合。既可穿透所有圈，也可如图少挑几圈。

6 缝合第三个和第一个圆。

7 翻至正面。从边缘往下约 1 毫米处出入针，缝合两个实心圆。

8 同样方法继续缝合。完成后效果如图。

» lesson4　空心扣的制作方法 | 彩图见 p.13

扫码看视频

[**所需盘条**]（含耗损量）硬烫条：使用墨绿色仿真丝色丁斜裁布条 75 厘米×2.5 厘米、双面黏合衬条 1.5 米、铜丝 75 厘米，

制作成 75 厘米长的硬烫条，裁成 35 厘米和 40 厘米长的盘条各 1 根

[**其他材料**] 直径 1 厘米的磨砂水晶圆珠 1 颗、直径 2 毫米的绿色米珠 1 颗、与面料同色的缝线

[**注意事项**] 盘花部分的线条要柔顺，扣子应左右对称。为了对比明显，容易识别线迹，图中使用了色差较大的线缝合。

实际制作时请选择与面料颜色相同或相近的缝线。

< 制作要点 >

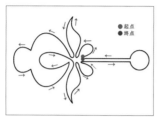

●起点
●终点

1 把实物尺寸图纸放在泡沫板上，40 厘米长的盘条制作纽襻盘花，一头用大头针固定在起点，参照走向图按照图案线条造型。35 厘米长的盘条制作扣头盘花。

→ 实物尺寸图见实物大纸型 p.1

✿ **斐然说**

对称盘花的两种制作方法：

1. 盘条正面（有铜丝一边）朝上制作一侧盘花。盘条正面朝下制作对侧盘花。

2. 制作时，记录下各细节的制作长度，圈状盘花记录周长。用同尺寸盘条制作对侧盘花。

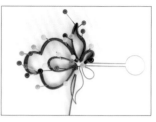

2 每一个折弯的地方都要用大头针固定。

正面　　　　　反面

3 至终点后，剪去多余盘条。从泡沫板上取下定好型的盘条，用打火机烫一下两头的毛边，防止起毛。

4 按照缝制图缝合固定。红点为需要缝合的位置，具体方法如下。

5 缝好后效果如图。扣头盘花同样方法缝合。注意扣头尾部要比纽襻尾部长 0.3 厘米左右。最后缝上圆珠和米珠，具体方法见第 78 页。空心扣完成。

< 空心扣的缝合方法 >　以纽襻盘花为例，讲解缝合的具体方法。

反面

1 在盘条反面边缘往下约 1 毫米处起针，可以隐藏线结。

2 缝合襻圈处。

3 每一处缝合后都需要做回针。回针是为了固定缝线不松脱，大家可根据具体情况调整回针的次数和位置。

4 翻至正面，在边缘往下约 1 毫米处从里向外出针。

5 缝合襻圈，做回针，把线引至反面。

6 拉紧缝线，挨着之前的缝合针迹，从两根盘条中间入针，缝小小的1针，然后做卷针缝。

7 缝合纽襻尾部至盘花处。

8 翻至正面，缝合接头处。

9 别忘了做回针。把线引至反面。

10 缝1针至第1个折弯处外侧出针，在下一个缝合点从内向外出针。

11 在第1个折弯处从外向内出针，拉紧，然后做回针。

12 缝合双圈部分，从里向外穿透两层。

13 做回针。

14 同样方法继续缝合。

15 缝至最后，连接起点与终点。

16 翻面，把线引至正面，缝合接头处。做回针加固。

17 中心缝合处，在边缘往下约1毫米处，缝合一圈，不用做回针，方便把线抽紧。

18 缝完一圈的样子，然后拉紧缝线，花形紧凑端正、看不到缝线即可。

19 将线引至反面，拉紧，做回针2次固定。

❀ 斐然说

如果将圆珠作为扣头，一般是盘花部分的盘条直接制作纽襻，这样可以减少一个接头。襻圈的大小为圆珠的直径，可参见一字扣的纽襻制作（第85页）。
因为含有铜丝的硬烫条不适合打扣头结，所以很多情况下，都是先用其他盘条打好扣头结，然后按照第74页的方法衔接。

20 把针放在需要打结的位置，用尾部的线绕针2圈。左手拇指压紧绕线部分，右手抽出针。

21 拉紧线，剪刀尖紧贴着盘条，剪断缝线。

22 用镊子整理形状，完成。

扫 码 看 视 频

除去编绳扣和实心扣，其他花扣的制作大体上可以分为造型、缝合、填心和封底四个步骤。

下面就以双色填心扣为例进行介绍。

这是一款双层盘条的设计，除了注意内外圈盘条的松紧度之外，其他制作要点都是相通的。

[所需盘条]（含耗损量）

- 硬烫条：天青色、藏蓝色仿真丝色丁斜裁布条 45 厘米×2.5 厘米各 2 条、双面黏合衬条 3.6 米、铜丝 1.8 米
- 软烫条：天青色仿真丝色丁斜裁布条 30 厘米×2.5 厘米、双面黏合衬条 60 厘米

[其他材料] 天青色填心布块、棉花、封底用单面黏合衬、与天青色面料颜色相同或相近的缝线

[注意事项] 制作时，里外两根盘条之间要紧密贴合，不留空隙。为了对比明显，容易识别线迹，图中使用了色差较大的线缝合。实际制作时请选择与面料颜色相同或相近的缝线。

< 制作要点 >

(一) 造型

根据实物尺寸图（见实物大纸型 p.1）给盘条塑形，多用硬烫条制作。

(二) 缝合

造型完成后，两根及以上的盘条并拢交会的部位，需要用线缝合固定。

1 盘条正面（含铜丝一侧）朝上，从一端开始，按照图案线条弯折。盘花尾部预留 0.5~0.8 厘米。折弯处用大头针固定。

2 为使双层盘条服帖，内圈盘条到每个折弯点的长度应比外圈盘条稍短一点。两根盘条之间要贴合紧密没有空隙。

3 造型完成后，从反面如图起针缝合。

4 缝合相邻的折弯处。

5 依次缝合，每两个折弯处缝紧后再缝 1 针回针，也可根据需要调整。缝完后形成一个空心圆。

6 开始缝合正面，如图起针。

7 在盘条边缘往下约1毫米处，约铜丝的下方，缝合相邻折弯处，中间不能有回针。

8 缝合一圈后，把线抽紧，收尾处做回针，打结剪线。

9 花瓣部分需要缝合处，反面如图起针。

10 明线缝合，两到三次，防止松线。

11 翻至正面，在盘条边缘往下约 1 毫米处再次缝合。

12 缝合两到三次，打结剪线。

（三）填心

填心是填心扣最独特的步骤。这项工艺使得盘扣有骨有肉，丰满立体，具备了点线面全方位的造型能力。填心布块的每边都比需要填心部分大至少 1.5 厘米，不论形状。

13 取适量棉花，搓成紧实的小团，塞进填心处，以饱满不凹陷为宜，然后取出备用。

14 准备填心布块，反面朝上，将棉花团塞进填心处。

15 填心处正面饱满无凹陷或空腔。

16 修剪布边，留 3~4 毫米。用打火机烧烫布边，注意不要烧到扣子。

17 天然面料如棉麻布、真丝布等，打火机烧会有黑灰色粉末，可用针线如图缝制。

18 趁没有冷却，快速用镊子尾部压平（仅适用于化纤面料）。

19 压平后的效果如图。

20 完成其他两处填心。

（四）封底

填心部分较紧凑的，可整张衬烫上后再剪掉多余部分。距离较远的填心部分可分开烫衬。

21 准备单面黏合衬，胶面朝下，用熨斗高温熨烫。

22 烫牢冷却后，修剪多余部分，可用打火机稍稍烫一下多余毛边，完成。

传统工艺中，填心扣大都用网格缝线的方法（步骤 17）固定棉包，后来也有用火漆封底的，但是效果不理想。随着工艺要求的提高，服装辅料的多样化生产，现代封底应需而生，成为一项新工序。这样一来，盘扣在工艺上更显精致，填心部分也更加牢固。

（五）连接扣头、纽襻

用软烫条制作扣头、纽襻，尾部预留 2~2.5 厘米，扣头的要比纽襻的长 0.3 厘米左右。参照第 74 页的方法一，与盘花部分衔接。尾部预留部分根据成品尺寸或个人喜好翻折多余部分。

扫码看视频

[所需盘条] （含耗损量）

- 硬烫条：使用红色仿真丝色丁斜裁布条 75 厘米 ×2.5 厘米、双面黏合衬条 1.5 米、铜丝 75 厘米，制作成 75 厘米长、0.5 厘米宽的硬烫条，然后裁成 35 厘米和 40 厘米长的盘条各 1 根

- 机缝翻条：使用长 20 厘米、宽 2.5 厘米的红色仿真丝色丁斜裁布条。制作时，在距离对折线 0.5 厘米处机缝。此盘条用于制作扣头结

[其他材料] 边长 10 厘米的正方形填心布块、与盘条同色，棉花，封底用单面黏合衬，与面料同色的缝线

[注意事项] 填心部分棉包饱满均匀，背面布边平整。扣子左右对称。为了对比明显，容易识别线迹，图中使用了色差较大的线缝合。实际制作时请选择与面料颜色相同或相近的缝线。

< 制作要点 >

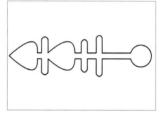

1 准备图纸。纽襻用盘花部分的盘条直接制作。
→ 实物尺寸图见实物大纸型 p.2

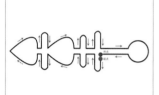

2 参照走向图开始造型。

3 造型完成。扣头部分用对称盘花的方法造型，尾部比纽襻的长 0.3 厘米左右，襻圈处直接弯折回来即可。

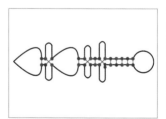

4 按照缝制图缝合。红点为需要缝合的位置，缝制时参照图中红线依次缝合。具体方法见第 93 页。

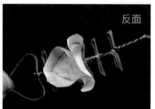

5 填心前把造型线条整理一下，防止变形。填心方法请参照第 91 页。填心部分的棉包要求饱满，不能扁平，尤其是边角处更要充盈有型。

6 用打火机烫布边时，注意不能烫到盘条。万一棉花被烫黑了，也没有关系，之后要封底，不影响扣子的美观度。

7 烫完后，迅速用镊子尾部压平、定型。要求棉包底部平整，棉花不外露。

8 最后封底，方法请参照第 91 页。

9 封底完成后的效果如图。用机缝翻条制作扣头结，参照第 74 页的方法衔接。

< 字体扣的缝合方法 >

字体扣的特点是造型后十字形结构较多，特别是一些隶书和篆书字体，可采用明线十字交叉绕缝或暗线缝合的方法。

方法一 >>

明线十字交叉绕缝

1 如图，在盘条反面，边缘往 下约1毫米处入针。

2 缝合接头，记得做回针。

3 旋转盘条，缝合另一侧的接 头。

4 翻至正面，缝合固定接头。 别忘了做回针。

  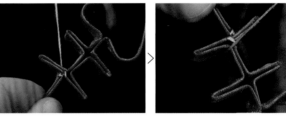

5 缝合正面另一侧的接头。拉紧缝线，做回针。

6 开始按照"×"形绕线（正面）。

  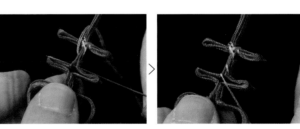

7 在反面缝1针固定。

8 如图，做卷针缝，缝至下一个十字处。缝线拉紧，不要松掉。

 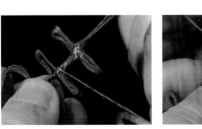 

9 继续"×"形绕线（反面）。

10 拉紧线，缝1针回针固定。

11 做卷针缝至下一个缝合点。

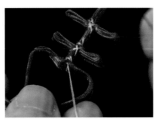

12 此处不用绕线，缝1针再加1针回针即可。

13 正面也需缝1针。做回针，拉紧线。

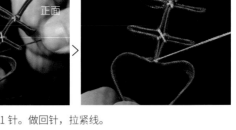

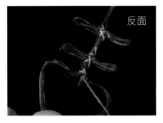

14 回到反面，打结剪线。

15 同样方法，继续缝合。

16 缝好后反面的效果如图。

✿ **斐然说**

扣头、纽襻的尾部，缝不缝都可以。厚面料的话一般都缝；面料比较硬挺，怕盘条之间缝隙大，也可以缝。轻薄面料，能少缝就少缝，缝得多了怕显笨拙。缝合方法中展示了不缝合尾部的情况，效果是一样的。若想要像制作要点中那样，可以从尾部顶端入针开始做卷针缝，其他要点都是一样的。

∗ **特别提醒**

a 缝合正面时，记得做回针。

b 绕线时一定要拉紧，图中为了展示效果留了松度。缝线颜色与面料一致。图中用线是为了对比明显，容易分辨。但有时为了突出装饰性，也可选择对比鲜明的颜色。

方法二 >>

暗线缝合

如果不喜欢明线的效果，也可以用这种方法。

1 如图，在盘条正面边缘往下约1毫米处入针，交叉缝合。

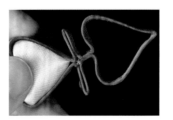

2 暗线缝合的正面效果如图。实际制作时，缝线应拉紧至看不到线迹。

制作方法

▌缠丝一字扣

彩图见 p.17

[**所需盘条**]（含耗损量，以红色款为例）

- 机缝翻条：使用红色仿真丝色丁斜裁布条 55 厘米×2.5 厘米。制作时，距离对折线 0.5 厘米处机缝，完成后裁成 20 厘米和 30 厘米的长度
- 或手缝盘条：使用红色仿真丝色丁斜裁布条 55 厘米×1.6 厘米、直径 0.3~0.4 厘米的绳子 55 厘米。缝制完成后，裁成 20 厘米长和 30 厘米长的盘条各 1 根

[**其他材料**] 金丝线规格不限，普通金色绣线或金色缝线均可，与面料同色的缝线

[**注意事项**] 由于每个人手劲儿不同，制作要点中的数据并不是绝对的，仅供新手参考。可在制作过程中，边做边测量边调整。

< 制作要点 >

1 参照第 85 页制作扣头、纽襻。扣头尾部预留 5.5 厘米，纽襻尾部 5.2 厘米，平剪。

2 扣头缝约 3.1 厘米（纽襻约 2.8 厘米）后，如图折弯到内侧，在剪口内侧 0.2 厘米处缝合。

3 缝合另一侧尾端，记得做回针。

4 正面同样方法缝合。

 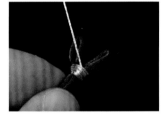 

5 如图开始缠金丝线，约 0.5 厘米宽即可。缠绕要求平整紧密，宽度一致。

6 缠绕完，把线绕到反面，挑 1 针打结剪线即可。

7 制作完成。

▌竹节编绳扣

彩图见 p.17

[**所需盘条**]（含耗损量）

- 宽 1.8 厘米的翠绿色仿真丝色丁斜裁布条 70 厘米长、90 厘米长各 1 条
- 宽 1.2 厘米的金色斜裁化纤布条 70 厘米长、90 厘米长各 1 条

※ 此款作品的盘条制作方法较特殊，平时较少使用，与前面介绍的方法不同，详见第 96 页。

[**其他材料**] 与面料同色的翠绿色缝线

[**注意事项**] 编织过程中，松紧度一致，左右尺寸一致。

< 制作要点 >

① 依照盘条制作方法，制作 70 厘米长的盘条用于纽襻部分，制作 90 厘米长的盘条用于扣头部分。

② 取扣头部分盘条，居中打好扣头结（参照第 72 页），留出 0.5 厘米后，开始盘编 5 厘米长的竹节编，然后缝合尾端。

③ 取纽襻部分盘条，居中缝好襻圈，开始盘编，然后收尾。

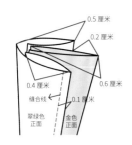

盘条制作方法

a. 将翠绿色布条如图折成四层，正面朝外，外层宽 0.5 厘米，内层宽 0.4 厘米。

b. 将等长的金色布条正面朝外对折，如图所示，插到翠绿色布条的中间，外侧留出 0.2 厘米。

c. 在距离翠绿色布条的布边 0.1 厘米处机缝。缝的过程中，注意布的位置，使露出的金边宽窄一致，缝线齐整不歪斜。

◉ 注意：一般采用机缝。面料如果较硬挺，就不用烫黏合衬；如果是夏天用的薄软的面料则需要烫衬。

竹节编绳扣的盘编方法

1 取 90 厘米长的盘条居中打好扣头结，直径 1 厘米为佳。

2 左、右盘条各折出一个小圈。

3 左圈穿进右圈。

4 右盘条继续折小圈。

5 塞进左圈。调整左盘条，使左圈套着右盘条，不松不紧。

6 左盘条继续折小圈。

7 塞进右圈，然后调整右盘条。

8 继续盘编至想要的长度。最后直接将盘条从圈里穿过。

9 拉松扣头结下的第 1 个圈，穿过扣头结。

10 调整盘条松紧度，使整体协调美观。

11 剪去多余盘条，末端各留 1 厘米即可。

12 缝合固定盘条末端。

13 扣头结处如图起针。

14 缝合固定扣头结与盘编部分，防止滑动。

15 完成。

16 纽襻部分，按扣头结直径缝好襻圈。同样方法制作。

多耳实心扣

彩图见 p.18

[所需盘条]（含耗损量，以蓝紫色款为例）

- 使用蓝紫色仿真丝色丁斜裁布条 30 厘米×2.5 厘米、双面黏合衬条 60 厘米，制作扣头、纽襻用的 30 厘米长的软烫条
- 使用蓝紫色仿真丝色丁斜裁布条 40 厘米×2.5 厘米 4 根、双面黏合衬条 3.2 米，制作上下部件用的 40 厘米长的软烫条 4 根
- 使用蓝紫色仿真丝色丁斜裁布条 44 厘米×2.5 厘米 2 根、双面黏合衬条 1.8 米，制作中间部件用的 44 厘米长的软烫条 2 根

[其他材料] 与面料同色的缝线

[注意事项] 扣子扣好后左右对称。每一个实心圆都盘绕紧致不松动，且松紧度一致。

<制作要点>

① 实心圆 1 和 2 为中间部件，左端向内卷出直径 1 厘米的圆 1，右端向内卷出直径 1.5 厘米的圆 2，中间留出大约 1 厘米的距离。实心圆的制作方法参照第 87 页。制作 2 组。

② 圆 3 和圆 4 为上部件，圆 5 和圆 6 为下部件，形状是一样的。左端向内卷出直径 1 厘米的圆，右端向内卷出直径 1 厘米的圆，中间留出大约 2 厘米的距离。制作 4 组。

③ 制作扣头、纽襻，参照第 72 页和第 85 页，扣头尾部约为 1.3 厘米，纽襻尾部约为 1 厘米。

④ 按照结构图、缝制图将各个部件摆好后依次缝合，参照第 87 页和第 74 页的方法二。

● **注意：** 因制作者盘卷的松紧度不同，每个实心圆的盘条长度也会有区别，测量方法参照第 87 页。

如果自行设计大小，中间留出略长于圆 3 或者圆 2 的直径长度即可，其他制作方法相同。

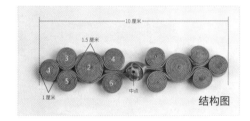

结构图

缝制图

<短盘条的拼接方法>

1 如图，盘条 1 与盘条 2 需要拼接起来。

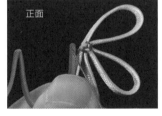

2 从接头边缘内侧 1 毫米处入针，回针，防止缝线松动。

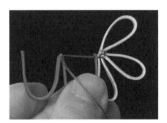

3 如图缝制下一个缝合点。

4 结尾接头处与开头接头处一样缝制。

5 反面与正面一样缝制。

6 缝制反面结尾接头处。

7 拼接完成。

● **注意：** 图中为了方便识别用了不同颜色的盘条和线缝制，实际制作中尽量选用同色的盘条和线。拼接盘条时找到容易隐藏接头的点很重要，一般将造型时的折弯点或缝合点作为拼接处。缝好后，正面的线迹可用花托、串珠等加以遮盖及装饰。

花篮扣

彩图见 p.19

[所需盘条]（含耗损量）

- 硬烫条：黑色和红色仿真丝色丁斜裁布条各 1.2 米×2.5 厘米、双面黏合衬条 4.8 米、铜丝 2.4 米
- 软烫条：黑色和红色仿真丝色丁斜裁布条各 50 厘米×2.5 厘米、双面黏合衬条 2 米

※ 如果没有大块布料，可用零碎斜裁布条制作短烫条，在造型时拼接使用，参照第 97 页。

[其他材料] 与面料同色的黑色缝线

[注意事项] 中间的实心圆盘卷紧致，左右对称。空心部分与实心部分的缝合线要拉紧，尽量不露线迹。

< 制作要点 >

① 测量实心圆所需的盘条长度，参照第 87 页。作品中实心圆直径为 1.2 厘米。由于是单个的实心圆，所以在制作时可以不用大头针，直接用针线固定。

② 将黑色、红色软烫条对齐，先制作实心圆和相连的纽襻。襻圈尾部留 1 厘米。襻圈等打好扣头结后比着缝合。用剩下的软烫条制作扣头结，参照第 72 页，扣头结直径约 1 厘米。尾部留 1.3 厘米后盘卷实心圆。

③ 对齐黑色、红色硬烫条，根据实物尺寸图盘绕外层花瓣时，把盘条正面（有铜丝一边）朝上制作，参照第 90 页。制作对侧的盘花时，把盘条正面朝下放置盘绕即可。

④ 缝合固定实心圆与外层花瓣，同时缝合扣头、纽襻。

→ 实物尺寸图见实物大纸型 p.1

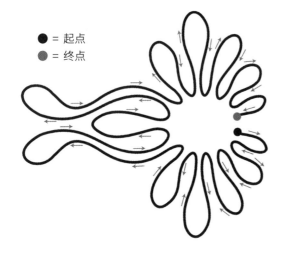

● = 起点
● = 终点

缝制图

图中灰色圆点为需要缝合的位置，缝制时按照图中灰色连线依次缝合。

走向图

图中箭头为盘条造型走向。

❀ 斐然说 ❀

扣头结一般都是使用 20 ～ 30 厘米的盘条，因为在手上绕来绕去，所以会需要一定的余量。新手一般需要 30 厘米，熟练之后 20 厘米就可以。打完结，抽紧到 1 厘米的直径后，就会多出较长的盘条了，足够做其他部件。

实心圆的松紧度因人而异，而制作标准是只要每个实心圆松紧度一致就可以，所以所用盘条的长度较难统一，建议按照第 87 页实心圆盘条测量方法来确定。先确定实心圆的直径，再按照习惯的松紧度盘卷一个实心圆，打开、测量长度。

▌双色花朵空心扣

彩图见 p.20

[**所需盘条**]（含耗损量）均使用宽 2.5 厘米的仿真丝色丁斜裁布条

小扣 | 硬烫条：米色、暗红色布条各 80 厘米、双面黏合衬条 3.2 米、铜丝 1.6 米

软烫条：米色布条 30 厘米、双面黏合衬条 60 厘米

大扣 | 硬烫条：米色、暗红色布条各 1.35 米、双面黏合衬条 5.4 米、铜丝 2.7 米

软烫条：米色布条 30 厘米、双面黏合衬条 60 厘米

[**其他材料**] 与面料同色的米色、暗红色缝线

[**注意事项**] 小扣左右盘花对称，大小一致。大扣扣头盘花与小扣的尺寸一致。

< 制作要点 >

① 使用软烫条制作扣头、纽襻，参照第 72 页和第 85 页。

扣头尺寸：扣头结直径约 1 厘米 +1.3 厘米 +0.5 厘米折边

纽襻尺寸：襻圈（约为扣头结直径）+1 厘米 +0.5 厘米折边

② 依照实物尺寸图制作盘花部分，参照第 90 页。盘花尾部预留 0.5 厘米左右。小扣为左右对称造型，按照左边图形制作即可。

对称图形制作方法：把盘条正面（有铜丝一边）朝上放置制作一侧的盘花部分，把盘条正面朝下放置制作即可得到另一侧的盘花部分。

③ 参照缝制图，缝合固定盘花部分，同时连接扣头、纽襻，参照第 74 页的方法一。

→ 实物尺寸图见实物大纸型 p.1

● = 起点
● = 终点

走向图
图中箭头为盘条造型走向。

缝制图

图中灰色圆点为需要缝合的
位置，缝制时按照图中灰色连
线依次缝合。

▌寿字扣 彩图见 p.21

[**所需盘条**]（含耗损量）硬烫条：红色仿真丝色丁斜裁布条 1.6 米×2.5 厘米、双面黏合衬条 3.2 米、铜丝 1.6 米

[**其他材料**] 直径 1 厘米的圆珠 1 颗、直径 2 毫米的米珠 1 颗、与面料同色的缝线

[**注意事项**] 制作时注意线条要横平竖直，折弯处平整挺括，图案上下左右都要对称，缝线紧致不松垮。

< 制作要点 >

① 按照实物尺寸图造型并缝合，参照第 92 页。扣头尾部要比纽襻尾部长 0.3 厘米左右。

② 缝合圆珠和米珠，参照第 78 页。

→ 实物尺寸图见实物大纸型 p.2

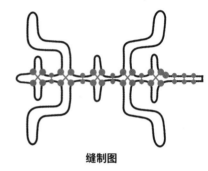

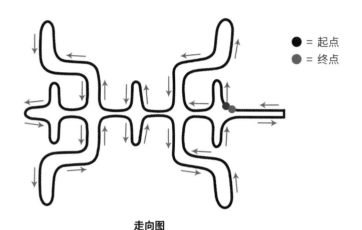

● = 起点
● = 终点

缝制图

图中灰色圆点为需要缝合的位置，缝制时
按照图中灰色连线依次缝合。

走向图

图中箭头为盘条造型走向。

▌玉字扣 彩图见 p.22

[**所需盘条**]（含耗损量）硬烫条：淡黄色仿真丝色丁斜裁布条 80 厘米×2.5 厘米、双面黏合衬条 1.6 米、铜丝 80 厘米

[**其他材料**] 青玉色填心布块、棉花、封底用单面黏合衬、直径 1 厘米的玉珠 1 颗、与面料同色的缝线

[**注意事项**] 玉字最后的笔画 "、" 与主体可缝可不缝。缝的话可避免被碰歪或变形，不缝的话更有书法体的灵动感。

< 制作要点 >

① 按照实物尺寸图造型并缝合，参照第 92 页。扣头尾部要比纽襻尾部长 0.3 厘米左右。

② 缝合玉珠，参照第 78 页。

③ 填心、封底，参照第 91 页。

→ 实物尺寸图见实物大纸型 p.2

走向图
图中箭头为盘条造型走向。

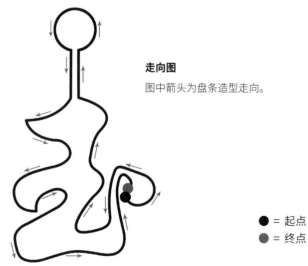

缝制图

图中灰色圆点为需要缝合的
位置，缝制时按照图中灰色连
线依次缝合。

● = 起点
● = 终点

▌吉字扣 彩图见 p.22

[**所需盘条**]（含耗损量）硬烫条：黑色仿真丝色丁斜裁布条 1 米 ×2.5 厘米、双面黏合衬条 2 米、铜丝 1 米

[**其他材料**] 枣红色填心布块、棉花、封底用单面黏合衬、直径 1 厘米的红色玛瑙珠 1 颗、与面料同色的缝线

[**注意事项**] 字体扣造型时，注意字体笔迹的细节，填心饱满平整。

< 制作要点 >

① 按照实物尺寸图造型并缝合，参照第 92 页。扣头尾部要比纽襻尾部长 0.3 厘米左右。

② 缝合玛瑙珠，参照第 78 页。

③ 填心、封底，参照第 91 页。

→ 实物尺寸图见实物大纸型 p.2

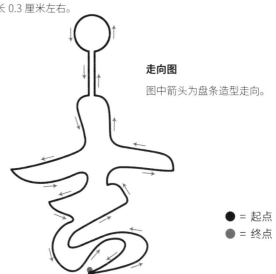

走向图
图中箭头为盘条造型走向。

缝制图
图中灰色圆点为需要缝合的位置，缝制时按照图中灰色连线依次缝合。

● = 起点
● = 终点

▌梅花填心扣 彩图见 p.23

[**所需盘条**]（含耗损量）硬烫条：粉色仿真丝色丁斜裁布条 80 厘米×2.5 厘米、双面黏合衬条 1.6 米、铜丝 80 厘米

[**其他材料**] 填心布块（玫红色、金色）、棉花、封底用单面黏合衬、直径 1 厘米的玉珠 1 颗、长 2 毫米的柱形米珠 1 颗、与面料同色的缝线

[**注意事项**] 花瓣的线条要舒展自然，花瓣之间契合度好，花瓣大小一致，填心饱满平整。

< 制作要点 >

① 根据实物尺寸图用硬烫条造型并缝合，参照第 90 页。扣头尾部要比纽襻尾部长 0.3 厘米左右。

② 缝合玉珠和米珠，参照第 78 页。

③ 填心、封底，参照第 91 页。花蕊处为金色的填心。

● = 起点
● = 终点

→ 实物尺寸图见实物大纸型 p.2

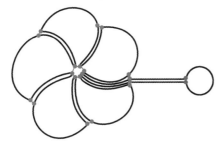

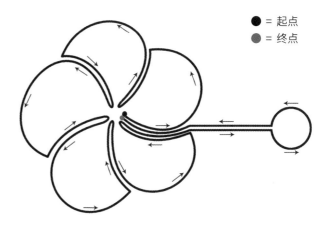

缝制图 图中灰色圆点为需要缝合的位置，缝制时按照图中灰色连线依次缝合。

走向图 图中箭头为盘条造型走向。

▌钱纹填心扣

彩图见 p.24

[**所需盘条**]（含耗损量）

- 硬烫条：湖蓝色仿真丝色丁斜裁布条 90 厘米×2.5 厘米、双面黏合衬条 1.8 米、铜丝 90 厘米
- 软烫条：湖蓝色仿真丝色丁斜裁布条 30 厘米×2.5 厘米、双面黏合衬条 60 厘米

[**其他材料**] 填心布块（湖蓝色、蓝绿色）、棉花、封底用单面黏合衬、花托 2 个、与面料同色的缝线

[**注意事项**] 注意花托位置要居中不偏斜，扣子造型中正对称。

< 制作要点 >

① 用软烫条制作扣头、纽襻，参照第 72 页和第 85 页。

　　扣头尺寸：扣头结直径约 1 厘米 +1.3 厘米

　　纽襻尺寸：襻圈 +1 厘米

② 根据实物尺寸图用硬烫条造型并缝合，参照第 90 页。

③ 连接扣头、纽襻，参照第 74 页的方法二。

④ 填心、封底，参照第 91 页。

⑤ 钉缝花托，参照第 77 页。

→ 实物尺寸图见实物大纸型 p.3

● = 起点
● = 终点

走向图
图中箭头为盘条造型走向。

缝制图
图中灰色圆点为需要缝合的位置，缝制
时按照图中灰色连线依次缝合。

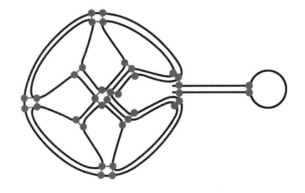

▌蝶形不对称扣

彩图见 p.25

[**所需盘条**]（含耗损量）硬烫条：桃红色、浅灰色仿真丝色丁斜裁布条各 95 厘米×2.5 厘米、双面黏合衬条 3.8 米、铜丝 1.9 米

[**其他材料**] 桃红色填心布块、棉花、封底用单面黏合衬、直径 1 厘米的圆珠 1 颗、长 2 毫米的柱形米珠 1 颗、直径 6 毫米的花托 1 个、
直径 3 毫米的银珠 2 颗、与面料同色的桃红色缝线

[**注意事项**] 制作时，双色盘条之间紧密贴合没有空隙，填心饱满平整，造型线条流畅柔顺。

<制作要点>

① 扣头部分：根据实物尺寸图造型并缝合，参照第 90 页。缝合圆珠和米珠，参照第 78 页。

② 纽襻部分：由于是仿真丝色丁面料，所以尾端用打火机烫平断口即可；如果用天然面料制作，断口处用布用胶或者锁边液处理毛
边。参照第 85 页，确定襻圈尺寸后，依照实物尺寸图造型并缝合。

③ 填心、封底，参照第 91 页。

④ 缝合固定花托、银珠。

→ 实物尺寸图见实物大纸型 p.3

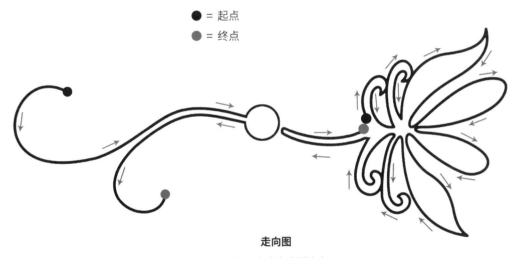

● = 起点

● = 终点

走向图

图中箭头为盘条造型走向。

缝制图

图中灰色圆点为需要缝合的位
置，缝制时按照图中灰色连线
依次缝合。

▌菊花填心扣

彩图见 p.26

[所需盘条]（含耗损量）

- 硬烫条：浅紫色仿真丝色丁斜裁布条 1.2 米×2.5 厘米、双面黏合衬条 2.4 米、铜丝 1.2 米
- 软烫条：浅紫色仿真丝色丁斜裁布条 30 厘米×2.5 厘米、双面黏合衬条 60 厘米

[其他材料] 填心布块（红紫色、蓝紫色）、棉花、封底用单面黏合衬、与面料同色的缝线

[注意事项] 造型注意对称，尖头处填心可用针尖整理挑尖，保证填心饱满无空隙。

< 制作要点 >

① 使用软烫条制作扣头、纽襻，参照第 72 页和第 85 页。

　　扣头尺寸：扣头结直径约 1 厘米 +1.3 厘米 +0.5 厘米折边

　　纽襻尺寸：襻圈 +1 厘米 +0.5 厘米折边

② 根据实物尺寸图用硬烫条造型并缝合，参照第 90 页。

③ 连接扣头、纽襻，参照第 74 页的方法一。

④ 填心、封底，参照第 91 页。

→ 实物尺寸图见实物大纸型 p.3

● = 起点
● = 终点

走向图

图中箭头为盘条造型走向。

缝制图　图中灰色圆点为需要缝合的位置，缝制时按照图中灰色连线依次缝合。

蝴蝶填心扣

彩图见 p.27

[**所需盘条**]（含耗损量）

- 硬烫条：宝蓝色仿真丝色丁斜裁布条 1.4 米×2.5 厘米、双面黏合衬条 2.8 米、铜丝 1.4 米
- 软烫条：宝蓝色仿真丝色丁斜裁布条 30 厘米×2.5 厘米、双面黏合衬条 60 厘米

[**其他材料**] 填心布块（宝蓝色、孔雀蓝色、玫红色）、棉花、封底用单面黏合衬、与面料同色的缝线

[**注意事项**] 造型左右对称，填心饱满平整，实心圆部分盘卷松紧一致，直径尺寸一致。

< 制作要点 >

① 使用软烫条制作扣头、纽襻，参照第 72 页和第 85 页。

扣头尺寸：扣头结直径约 1 厘米 +3.5 厘米

纽襻尺寸：襻圈 +3.2 厘米

② 根据实物尺寸图用硬烫条造型并缝合，参照第 90 页。

③ 连接扣头、纽襻，参照第 74 页的方法二。

④ 填心、封底，参照第 91 页。

→ **实物尺寸图见实物大纸型 p.4**

● = 起点
● = 终点

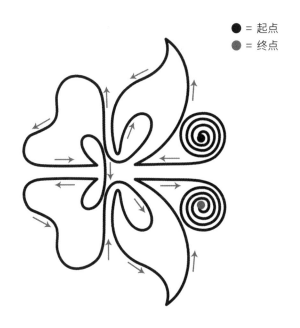

走向图

图中箭头为盘条造型走向。首先参照第 87 页的方法，
测量出一个实心圆所需的盘条长度（图中蝴蝶触须的
实心圆直径约 8 毫米）。确定用量后，先留出这一段
然后直接做蝴蝶身体造型。收尾时，留出同样长度的
盘条，最后盘卷成实心圆。这样就可以使两个实心圆
大小一致。因为不缝合，盘卷后会松开一些，注意最
终的形状要对称。

缝制图

图中灰色圆点为需要缝合的位置，缝制时
按照图中灰色连线依次缝合。实心圆部分
按照花扣的方法暗线钉缝，参照第 75 页。

兰花填心扣

彩图见 p.28

[**所需盘条**]（含耗损量）

- 硬烫条：紫色仿真丝色丁斜裁布条 95 厘米×2.5 厘米、双面黏合衬条 1.9 米、铜丝 95 厘米
- 软烫条：紫色仿真丝色丁斜裁布条 30 厘米×2.5 厘米、双面黏合衬条 60 厘米

[**其他材料**] 深紫色填心布块、棉花、封底用单面黏合衬、与面料同色的缝线

[**注意事项**] 造型线条柔顺流畅，缝合尽量不露线迹，填心饱满平整。

< **制作要点** >

① 使用软烫条制作扣头、纽襻，参照第 72 页和第 85 页。

　　扣头尺寸：扣头结直径约 1 厘米 +1.3 厘米

　　纽襻尺寸：襻圈 +1 厘米

② 根据实物尺寸图用硬烫条造型并缝合，参照第 90 页。

③ 连接扣头、纽襻，参照第 74 页的方法二。

④ 填心、封底，参照第 91 页。

→ 实物尺寸图见实物大纸型 p.4

● = 起点
● = 终点

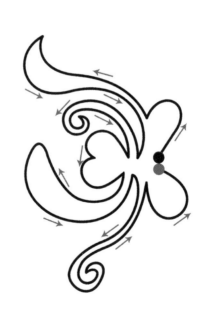

走向图
图中箭头为盘条造型走向。

缝制图　图中灰色圆点为需要缝合的位置，缝制时按照图中灰色连线依次缝合。

▍金鱼扣

彩图见 p.29

[**所需盘条**]（含耗损量）

- 硬烫条：黄色仿真丝色丁斜裁布条 1.1 米×2.5 厘米、双面黏合衬条 2.2 米、铜丝 1.1 米
- 软烫条：黄色仿真丝色丁斜裁布条 30 厘米×2.5 厘米、双面黏合衬条 60 厘米

[**其他材料**] 淡青色填心布块、棉花、封底用单面黏合衬、直径约 5 毫米的烫钻片 4 个、橙色烫花颜料、与面料同色的缝线

[**注意事项**] 金鱼眼睛可运用烫钻工艺，也可只做填心。眼睛烫钻时注意位置准确、不歪斜。面料的渐变色为晕染效果。

< 制作要点 >

① 使用软烫条制作扣头、纽襻，参照第 72 页和第 85 页。

  扣头尺寸：扣头结直径约 1 厘米 +1.3 厘米 +0.5 厘米折边

  纽襻尺寸：襻圈 +1 厘米 +0.5 厘米折边

② 根据实物尺寸图用硬烫条造型并缝合，参照第 90 页。

③ 连接扣头、纽襻，参照第 74 页的方法一。

④ 填心、封底，参照第 91 页。

⑤ 眼睛部分烫钻。

⑥ 晕染，参照第 80 页。

→ 实物尺寸图见实物大纸型 p.5

> ❀ 斐然说 ❀
>
> 这款金鱼扣虽然是传统的款式，但是在细节制作上尝试加入了一些新工艺，如烫钻、晕染等，使盘扣看上去更灵动、更有新意。在自己喜欢的盘扣上做些小小的创新，即使是简单的一两步，也能带来意想不到的惊喜。

走向图

图中箭头为盘条造型走向。

● = 起点

● = 终点

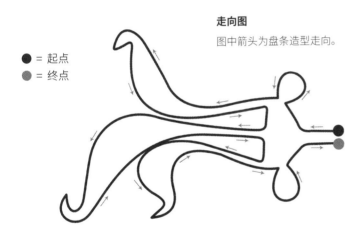

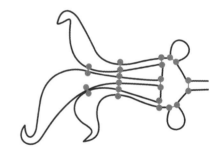

缝制图

图中灰色圆点为需要缝合的位置，缝制时按照图中灰色连线依次缝合。

< 烫钻方法 >

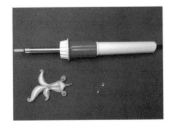

1 准备点钻笔、需要烫钻的盘扣和烫钻片。

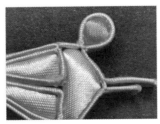

2 需要烫钻的金鱼眼睛位置，先完成填心。

3 把烫钻片放在金鱼眼睛合适的位置上，尺寸比眼睛略小一点，以不遮住盘条为宜。

4 点钻笔通电加热后，用力压在烫钻片上。因烫钻片背面有胶，加热即可固定。

落英

彩图见 p.31

[**所需盘条**]（含耗损量）硬烫条：粉色仿真丝色丁斜裁布条 70 厘米×2.5 厘米、双面黏合衬条 1.4 米、铜丝 70 厘米，桃红色仿真丝色丁斜裁布条 60 厘米×2.5 厘米、双面黏合衬条 1.2 米、铜丝 60 厘米

[**其他材料**]直径 1.3 厘米的玫红色花片 2 片，直径 2 毫米的银色米珠若干，直径 1 厘米的玫粉色圆珠 1 颗，与面料同色的粉色、桃红色缝线

[**注意事项**]盘条之间要缝合得紧密不松动，盘条断头处要烫平不能起毛。

< **制作要点** >

① 根据实物尺寸图用硬烫条造型并缝合，参照第 90 页。

② 缝合圆珠和米珠，参照第 78 页。

③ 钉缝米珠，参照第 81 页。

④ 缝上花片和米珠。

→ 装饰配件图见 p.82

→ 实物尺寸图见实物大纸型 p.4

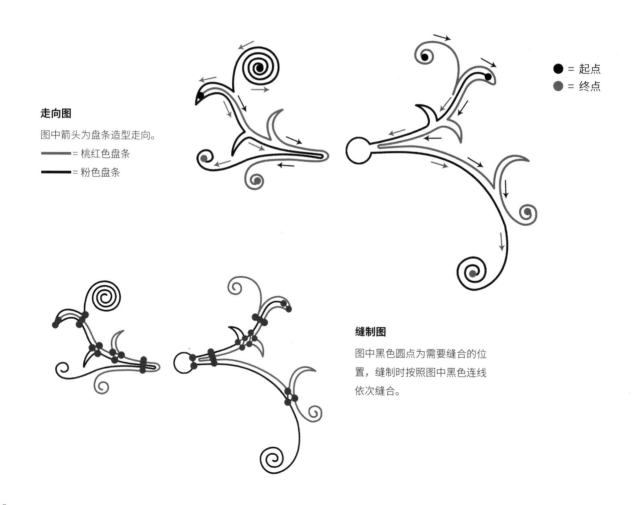

走向图

图中箭头为盘条造型走向。

———— = 桃红色盘条

———— = 粉色盘条

● = 起点

⬤ = 终点

缝制图

图中黑色圆点为需要缝合的位置，缝制时按照图中黑色连线依次缝合。

▋ 粉黛

彩图见 p.32

[**所需盘条**]（含耗损量）硬烫条：粉色仿真丝色丁斜裁布条 80 厘米×2.5 厘米、双面黏合衬条 1.6 米、铜丝 0.8 米，粉色仿真丝色
丁斜裁布条 1.5 米×2.5 厘米、双面黏合衬条 3 米、铜丝 1.5 米

[**其他材料**] 填心布块（浅绿色和桃花色）、棉花、封底用单面黏合衬、长 5 毫米的暗红色水晶六棱珠 2 颗、长 3 毫米的灰色水晶珠 4 颗、
直径 1 厘米的扣头圆珠 1 颗、直径 2 毫米的玫红色米珠 1 颗、与面料同色的缝线

[**注意事项**] 造型时花瓣大小匀称，线条柔顺流畅，填心饱满平整。

< **制作要点** >

① 根据实物尺寸图用硬烫条造型并缝合，参照第 90 页。

　　80 厘米长的硬烫条制作扣头部分，1.5 米长的硬烫条制作纽襻部分。

② 缝合圆珠和米珠，参照第 78 页。

③ 填心、封底，参照第 91 页。

④ 缝上水晶珠。

→ 装饰配件图见 p.82

→ 实物尺寸图见实物大纸型 p.5

● = 起点
● = 终点

走向图
图中箭头为盘条造型走向。

缝制图
图中灰色圆点为需要缝合的位
置，缝制时按照图中灰色连线
依次缝合。

▎祥云

彩图见 p.33

[**所需盘条**]（含耗损量）

- 硬烫条：银色和宝蓝色仿真丝色丁斜裁布条各 1.2 米×2.5 厘米、双面黏合衬条 4.8 米、铜丝 2.4 米
- 软烫条：宝蓝色仿真丝色丁斜裁布条 30 厘米×2.5 厘米、双面黏合衬条 60 厘米

[**其他材料**] 直径 1 厘米的扣头圆珠 1 颗、直径 2 毫米的银色米珠 1 颗、与面料同色的宝蓝色缝线

[**注意事项**] 双色盘条之间没有空隙，贴合紧密，造型线条柔顺流畅。

< **制作要点** >

① 用软烫条制作扣头尾部，然后缝合圆珠和米珠，参照第 78 页。根据扣头，用软烫条制作纽襻。

　　扣头尾部尺寸：1.8 厘米 +0.5 厘米折边

　　纽襻尺寸：襻圈 +1.5 厘米 +0.5 厘米折边

② 根据实物尺寸图用硬烫条造型并缝合，参照第 90 页。

③ 连接扣头、纽襻，参照第 74 页的方法一。

→ 实物尺寸图见实物大纸型 p.6

● = 起点
● = 终点

图中箭头为盘条造型走向。

缝制图

图中灰色圆点为需要缝合的位置，缝制时按照图中灰色连线依次缝合。

▌ 如意

彩图见 p.34

[**所需盘条**]（含耗损量）

- 硬烫条：咖啡色仿真丝色丁斜裁布条 1 米×2.5 厘米、双面黏合衬条 2 米、铜丝 1 米
- 软烫条：咖啡色仿真丝色丁斜裁布条 20 厘米×2.5 厘米、双面黏合衬条 40 厘米

[**其他材料**] 黑色底布、单面黏合衬、与面料同色的缝线

[**注意事项**] 底布须烫上单面黏合衬。底布为有定位花的面料，可根据个人喜好选择花样，只要定位花在中间的葫芦造型内即可。

< 制作要点 >

① 根据实物尺寸图用硬烫条造型并缝合，参照第 90 页。纽襻与盘花部分是一体的，襻圈根据扣头结确定尺寸，尾部比扣头尾部短约 0.3 厘米。盘条尾端，如果是仿真丝色丁面料，用打火机烫平断口即可；如果是天然面料，断口处用布用胶或者锁边液处理毛边。

② 用软烫条制作扣头结，连接时，参照第 74 页的方法三 。

③ 扣子完成后钉缝在底布上，参照第 75 页花扣的钉缝方法。修剪掉多余底布。

→ 实物尺寸图见实物大纸型 p.8

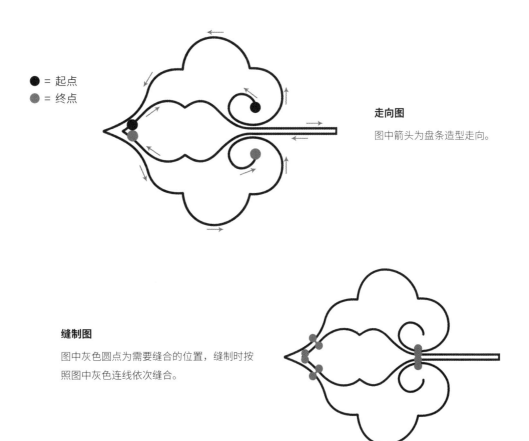

● = 起点
● = 终点

走向图

图中箭头为盘条造型走向。

缝制图

图中灰色圆点为需要缝合的位置，缝制时按照图中灰色连线依次缝合。

▎透碧

彩图见 p.35

[**所需盘条**]（含耗损量）硬烫条：米白色仿真丝色丁斜裁布条 60 厘米×2.5 厘米、双面黏合衬条 1.2 米、铜丝 60 厘米，绿色仿真丝色丁斜裁
布条 70 厘米×2.5 厘米、双面黏合衬条 1.4 米、铜丝 70 厘米

[**其他材料**]直径 1 厘米的水晶圆珠 1 颗、长 2 毫米的绿色米珠 1 颗、长 5 毫米的绿色水晶六棱珠 2 颗、与面料同色的绿色缝线

[**注意事项**]这款盘扣的接头较多，缝合时注意接头处应平整不起毛，化纤面料可用打火机烫平，天然布料可用布料锁边液或布用胶。

< 制作要点 >

① 根据实物尺寸图用硬烫条造型并缝合，参照第 90 页。盘花是五角对称图形，含有五个部件。按照实物尺寸图一个一个地制作部件，
襻圈根据水晶圆珠而定，最后组合缝制。注意，扣头尾部要比纽襻尾部长 0.3 厘米左右。

② 缝合圆珠和米珠，参照第 78 页。

③ 缝上六棱珠。

→ 装饰配件图见 p.82

→ 实物尺寸图见实物大纸型 p.10

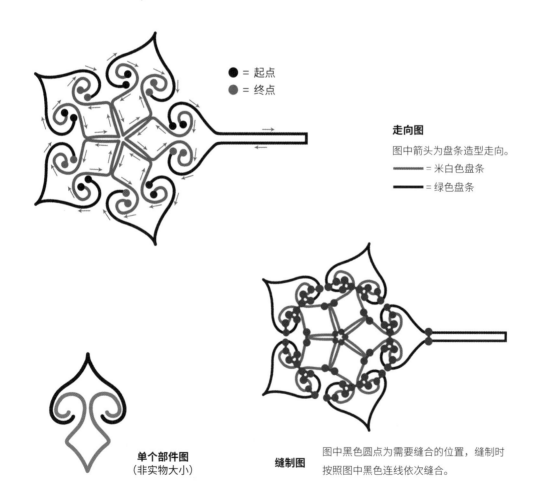

● = 起点
● = 终点

走向图

图中箭头为盘条造型走向。

〰〰〰 = 米白色盘条

▬▬▬ = 绿色盘条

单个部件图
（非实物大小）

缝制图

图中黑色圆点为需要缝合的位置，缝制时
按照图中黑色连线依次缝合。

▌凤舞

彩图见 p.36

[**所需盘条**]（含耗损量）

- 硬烫条：银蓝色仿真丝色丁斜裁布条 1.6 米×2.5 厘米、双面黏合衬条 3.2 米、铜丝 1.6 米
- 软烫条：天青色仿真丝色丁斜裁布条 20 厘米×2.5 厘米、双面黏合衬条 40 厘米

[**其他材料**] 填心布块（银蓝色、粉红色、粉紫色、蓝色、宝蓝色、嫩黄色）、棉花、封底用单面黏合衬、直径 2 毫米的米珠若干（银色、天蓝色、宝蓝色、紫罗兰色）、直径 8 毫米的流苏帽 1 个、天蓝色冰丝线和玉线（流苏用）、直径 1 厘米的蓝色圆珠（流苏配珠）1 颗、金葱胶（蓝色、紫色、绿色亮粉）、烫花颜料（蓝色、紫色、绿色）、与面料同色的银蓝色缝线

[**注意事项**] 这款盘扣涂了一些亮粉，可根据个人喜好使用。流苏作为装饰配件，可扣在扣头上，也可取下。根据个人喜好和搭配的衣服选择。

< 制作要点 >

① 根据实物尺寸图用硬烫条造型并缝合，参照第 90 页。

② 用软烫条制作扣头结，连接时参照第 74 页的方法三。

③ 填心、封底，参照第 91 页。

④ 晕染，参照第 80 页。

⑤ 钉缝米珠，可如图钉缝也可根据个人喜好钉缝，参照第 81 页。

⑥ 制作总长 11 厘米的流苏，参照第 80 页。

⑦ 根据个人喜好，涂上金葱胶。

→ 装饰配件图见 p.82

→ 实物尺寸图见实物大纸型 p.7

● = 起点

● = 终点

走向图

图中箭头为盘条造型走向。

缝制图

图中灰色圆点为需要缝合的位置，缝制时按照图中灰色连线依次缝合。

紫蝶

彩图见 p.37

[所需盘条]（含耗损量）

- 硬烫条：紫色仿真丝色丁斜裁布条 1 米×2.5 厘米、双面黏合衬条 2 米、铜丝 1 米

  灰色仿真丝色丁斜裁布条 90 厘米×2.5 厘米、双面黏合衬条 1.8 米、铜丝 90 厘米

- 软烫条：灰色仿真丝色丁斜裁布条 30 厘米×2.5 厘米、双面黏合衬条 60 厘米

[其他材料] 紫红色填心布块，棉花，封底用单面黏合衬，直径 2 毫米的银色米珠若干，直径 6 毫米的花托 2 个，与面料同色的紫色、灰色缝线

[注意事项] 钉缝米珠时不要缝得太稀疏，要有堆叠的效果，但也不能太满，以缝后表面不遮住盘条为宜。

< 制作要点 >

① 根据实物尺寸图用硬烫条造型并缝合，参照第 90 页。

② 用软烫条制作扣头、纽襻，参照第 72 页和第 85 页。

　　扣头尺寸：扣头结直径约 1 厘米 +3.5 厘米 +0.5 厘米折边

　　纽襻尺寸：襻圈 +3.2 厘米 +0.5 厘米折边

③ 连接扣头、纽襻，参照第 74 页的方法一。

④ 填心，封底，参照第 91 页。

⑤ 钉缝米珠和花托，参照第 81 页和第 77 页。

→ 装饰配件图见 p.83

→ 实物尺寸图见实物大纸型 p.7

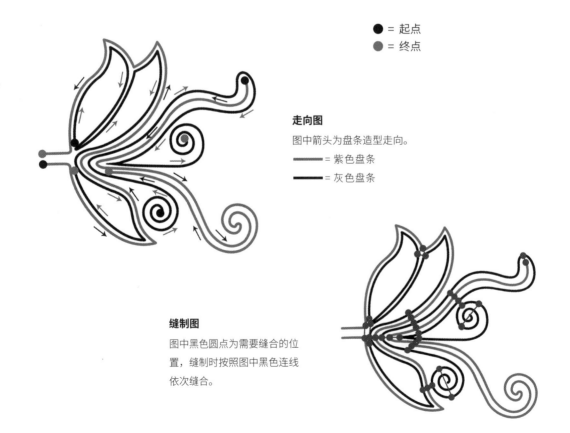

● = 起点

● = 终点

走向图

图中箭头为盘条造型走向。

—— = 紫色盘条

—— = 灰色盘条

缝制图

图中黑色圆点为需要缝合的位
置，缝制时按照图中黑色连线
依次缝合。

▌蓝锦

彩图见 p.38

[**所需盘条**]（含耗损量）

- 硬烫条：宝蓝色仿真丝色丁斜裁布条 1.15 米×2.5 厘米、双面黏合衬条 2.3 米、铜丝 1.15 米

  浅蓝色仿真丝色丁斜裁布条 25 厘米×2.5 厘米、双面黏合衬条 50 厘米、铜丝 25 厘米

- 软烫条：宝蓝色仿真丝色丁斜裁布条 20 厘米×2.5 厘米、双面黏合衬条 40 厘米

[**其他材料**] 填心布块（宝蓝色、普蓝色、浅蓝色、湖蓝色、银色）、棉花、封底用单面黏合衬、直径 2 毫米的米珠（银色和天蓝色）

　　　　　　若干、直径 6 毫米的花托 1 个、直径约 5 毫米的烫钻片 1 个、银色绣线、与面料同色的宝蓝色缝线

[**注意事项**] 填心部分缝了一些线条作为细节的勾勒。线的选择叮按照个人喜好，普通缝线、绣线等都可以。缝制时用双线。

< **制作要点** >

① 根据实物尺寸图用硬烫条造型并缝合，参照第 90 页。扣头尾部要比

　　纽襻尾部长 0.3 厘米左右。

② 用软烫条制作扣头结，连接时参照第 74 页的方法三。

③ 填心、封底，参照第 91 页。

④ 烫钻，参照第 107 页。

⑤ 钉缝米珠及花托，参照第 81 页和第 77 页。

⑥ 绣上装饰线，参照第 79 页。

→ 装饰配件图见 p.83

→ 实物尺寸图见实物大纸型 p.8

● = 起点
● = 终点

走向图

图中箭头为盘条造型走向。

—— = 浅蓝色盘条

—— = 宝蓝色盘条

缝制图

图中黑色圆点为需要缝合的
位置，缝制时按照图中黑色
连线依次缝合。

▍春色

彩图见 p.39

[**所需盘条**]（含耗损量）硬烫条：主绿秋香色仿真丝色丁斜裁布条 80 厘米×2.5 厘米、双面黏合衬条 1.6 米、铜丝 80 厘米，淡绿色仿真丝色
丁斜裁布条 1 米×2.5 厘米、双面黏合衬条 2 米、铜丝 1 米，灰绿色仿真丝色丁斜裁布条 50 厘米 ×2.5 厘米、双面黏合衬条 1 米、
铜丝 50 厘米

[**其他材料**]填心布块（浅绿色、浅黄色），棉花，封底用单面黏合衬，直径 2 毫米的米珠（绿色、秋香色、黄色）若干，直径 1 厘米的绿色
扣头圆珠 1 颗，金色绣线，烫花颜料（黄色、绿色），与面料同色的秋香色、淡绿色、灰绿色缝线

[**注意事项**]钉珠的叶片，锯齿状边缘处无须缝合，这一点与填心的叶片不同，请注意。

< **制作要点** >

① 根据实物尺寸图用硬烫条造型并缝合，参照第 90 页。

② 缝合圆珠和秋香色米珠，参照第 78 页。

③ 填心、封底，参照第 91 页。

④ 晕染，参照第 80 页。多种颜色晕染，注意在一种颜色半干的时候再染另一种颜色，防止串色。

⑤ 钉缝米珠，可如图钉缝也可根据个人喜好钉缝，参照第 81 页。

⑥ 绣上装饰线，参照第 79 页。

→ 装饰配件图见 p.83

→ 实物尺寸图见实物大纸型 p.9

● = 起点
● = 终点

走向图

图中箭头为盘条造型走向。

―――― = 淡绿色盘条
―――― = 灰绿色盘条
―――― = 主绿秋香色盘条

缝制图

图中黑色圆点为需要缝合的位
置，缝制时按照图中黑色连线
依次缝合。

▎莺飞

彩图见 p.40

[所需盘条] （含耗损量）硬烫条：主绿秋香色仿真丝色丁斜裁布条 1 米×2.5 厘米、双面黏合衬条 2 米、铜丝 1 米

[其他材料] 淡黄色填心布块、棉花、封底用单面黏合衬、直径 2 毫米的主绿秋香色米珠若干、直径 1 厘米的水晶扣头圆珠 1 颗、直径 0.5 厘米的金色流苏帽 1 个、直径 2 毫米的绿色米珠 2 颗和直径 8 毫米的爆花水晶珠 1 颗（流苏用）、嫩绿色冰丝线和棕色玉线（流苏用）、烫花颜料（主绿秋香色和绿色）、黑色绣线（眼睛）、与面料同色的缝线

[注意事项] 流苏总长 8 厘米，流苏作为装饰配件，可扣在扣头上，也可取下，根据个人喜好搭配。

<制作要点>

① 根据实物尺寸图用硬烫条造型并缝合，参照第 90 页。

② 缝合圆珠和米珠，参照第 78 页。

③ 填心、封底，参照第 91 页。

④ 晕染，参照第 80 页。

⑤ 钉缝米珠，可如图钉缝也可根据个人喜好钉缝。

⑥ 制作流苏，参照第 80 页。

⑦ 小鸟的眼睛是刺绣技法中的结粒绣，参照第 79 页。

→ 装饰配件图见 p.83

→ 实物尺寸图见实物大纸型 p.10

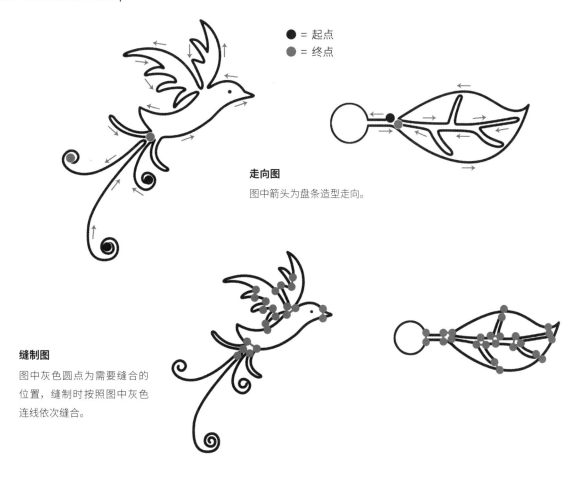

● = 起点
● = 终点

走向图
图中箭头为盘条造型走向。

缝制图
图中灰色圆点为需要缝合的位置，缝制时按照图中灰色连线依次缝合。

▌ 锦簇

彩图见 p.41

[**所需盘条**]（含耗损量）硬烫条：米色仿真丝色丁斜裁布条 1.2 米×2.5 厘米、双面黏合衬条 2.4 米、铜丝 1.2 米

[**其他材料**] 填心布块（咖啡色、米黄色、橘色、金色）、棉花、封底用单面黏合衬、直径 2 毫米的金色米珠若干、直径 1 厘米
的仿象牙扣头圆珠 1 颗、与面料同色的缝线

[**注意事项**] 花瓣钉珠的厚度要与填心的厚度一致，米珠不能遮盖盘条，避免影响整体造型。花心部分用金色布块做了填心。

< 制作要点 >

① 根据实物尺寸图用硬烫条造型并缝合，参照第 90 页。

② 缝合圆珠和米珠，参照第 78 页。

③ 填心、封底，参照第 91 页。

④ 钉缝米珠，可如图钉缝也可根据个人喜好钉缝，参照第 81 页。

→ 装饰配件图见 p.84

→ 实物尺寸图见实物大纸型 p.11

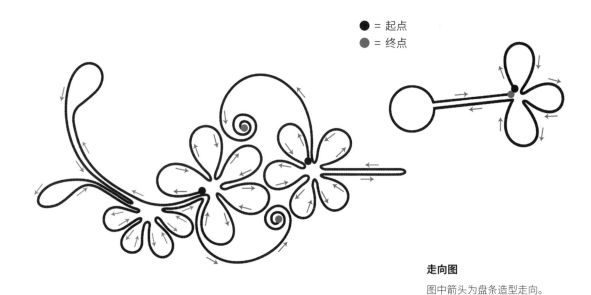

● = 起点
● = 终点

走向图
图中箭头为盘条造型走向。

缝制图
图中灰色圆点为需要缝合的
位置，缝制时按照图中灰色
连线依次缝合。

▌赤金

彩图见 p.38

[所需盘条]（含耗损量）

- 硬烫条：金黄色仿真丝色丁斜裁布条 40 厘米×2.5 厘米、双面黏合衬条 80 厘米、铜丝 40 厘米

  酒红色仿真丝色丁斜裁布条 90 厘米×2.5 厘米、双面黏合衬条 1.8 米、铜丝 90 厘米

- 软烫条：酒红色仿真丝色丁斜裁布条 20 厘米×2.5 厘米、双面黏合衬条 20 厘米

[其他材料] 填心布块（金黄色、酒红色），棉花，封底用单面黏合衬，直径 3 毫米的金色水晶珠 13 颗，与面料同色的金黄色、酒红色缝线

[注意事项] 双色盘条制作时要紧密贴合，缝线不松动。填心饱满，线条流畅。

< 制作要点 >

① 根据实物尺寸图用硬烫条造型并缝合，参照第 90 页。

② 用软烫条制作扣头结。连接时，参照第 74 页的方法三。

③ 填心、封底，参照第 91 页。

④ 钉缝水晶珠，可如图钉缝也可根据个人喜好钉缝。

→ 装饰配件图见 p.84

→ 实物尺寸图见实物大纸型 p.12

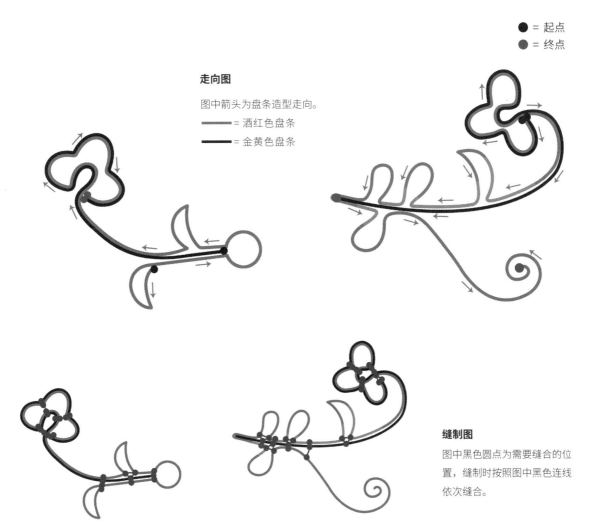

● = 起点
● = 终点

走向图

图中箭头为盘条造型走向。
—— = 酒红色盘条
—— = 金黄色盘条

缝制图

图中黑色圆点为需要缝合的位置，缝制时按照图中黑色连线依次缝合。

玉兰

彩图见 p.42

[所需盘条]（含耗损量）

- 硬烫条：浅绿色仿真丝色丁斜裁布条 40 厘米×2.5 厘米、双面黏合衬条 80 厘米、铜丝 40 厘米

  米色仿真丝色丁斜裁布条 25 厘米×2.5 厘米、双面黏合衬条 50 厘米、铜丝 25 厘米

- 软烫条：米色仿真丝色丁斜裁布条 30 厘米×2.5 厘米、双面黏合衬条 60 厘米

[其他材料] 填心布块（浅绿色、中绿色、主绿秋香色），棉花，封底用单面黏合衬，桃红色烫花颜料，与面料同色的浅绿色、米色缝线

[注意事项] 花朵晕染，色彩要干净自然。

< 制作要点 >

① 根据实物尺寸图用硬烫条造型并缝合，参照第 90 页。

② 用软烫条制作扣头和纽襻，参照第 72 页和第 85 页，扣头尾部留约 1.3 厘米，纽襻尾部留约 1 厘米。

③ 连接纽襻、扣头，参照第 74 页的方法一。

④ 填心、封底，参照第 91 页。

⑤ 根据作品图或者个人喜好进行晕染，参照第 80 页。

→ 实物尺寸图见实物大纸型 p.11

走向图

图中箭头为盘条造型走向。

———— = 米色盘条

━━━━ = 浅绿色盘条

● = 起点

● = 终点

缝制图

图中黑色圆点为需要缝合的位置，缝制时按照图中黑色连线依次缝合。

填心布块颜色说明

❶ 浅绿色

❷ 中绿色

❸ 主绿秋香色

0.5 厘米

▌比翼

彩图见 p.43

[**所需盘条**]（含耗损量）硬烫条：米色仿真丝色丁斜裁布条 2 米×2.5 厘米、双面黏合衬条 4 米、铜丝 2 米

[**其他材料**] 填心布块（淡黄色、金黄色）、棉花、封底用单面黏合衬、直径 1 厘米的水晶扣头圆珠 1 颗、直径 2 毫米的金色米珠 1 颗、
　　　　　　 与面料同色的缝线

[**注意事项**] 造型左右对称。盘卷部分松紧一致，线条流畅，填心饱满平整。

< 制作要点 >

① 根据实物尺寸图用硬烫条造型并缝合，参照第 90 页。

② 扣头尾部、纽襻也用硬烫条制作，扣头尾部留约 1.3 厘米，纽襻尾部留约 1 厘米。连接时，参照第 74 页的方法二。

③ 缝合圆珠和米珠，参照第 78 页。

④ 填心、封底，参照第 91 页。

→ 实物尺寸图见实物大纸型 p.12

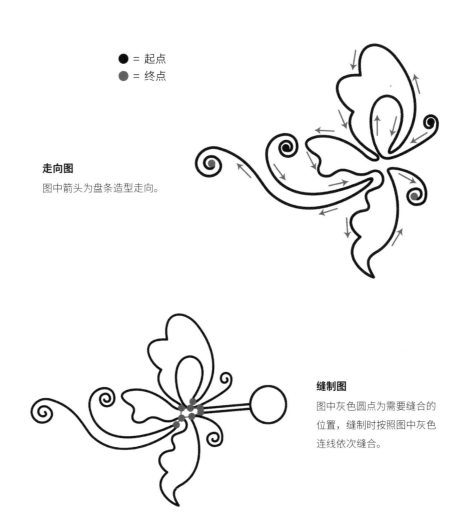

● = 起点
● = 终点

走向图
图中箭头为盘条造型走向。

缝制图
图中灰色圆点为需要缝合的
位置，缝制时按照图中灰色
连线依次缝合。

▌ 知秋

彩图见 p.44

[**所需盘条**]（含耗损量）硬烫条：米色仿真丝色丁斜裁布条 1.5 米×2.5 厘米、双面黏合衬条 3 米、铜丝 1.5 米，嫩黄色仿真丝
色丁斜裁布条 20 厘米×2.5 厘米、双面黏合衬条 40 厘米、铜丝 20 厘米

[**其他材料**] 填心布块（橘色、咖啡色、金黄色、墨绿色、主绿秋香色、白色系）、棉花、封底用单面黏合衬、直径 1 厘米的仿
象牙扣头圆珠 1 颗、与面料同色的米色缝线

[**注意事项**] 造型线条柔顺舒展，填心饱满平整。

< **制作要点** >

① 根据实物尺寸图用硬烫条造型并缝合，参照第 90 页。扣头尾部要比纽襻尾部长 0.3 厘米左右。

② 连接圆珠，参照第 78 页。

③ 填心、封底，参照第 91 页。

→ 实物尺寸图见实物大纸型 p.13

● = 起点

● = 终点

走向图

图中箭头为盘条造型走向。

—— = 嫩黄色盘条

—— = 米色盘条

缝制图

图中黑色圆点为需要缝合的位
置，缝制时按照图中黑色连线
依次缝合。

▍雀羽

彩图见 p.45

[**所需盘条**]（含耗损量）

- 硬烫条：黑色仿真丝色丁斜裁布条 1 米×2.5 厘米、双面黏合衬条 2 米、铜丝 1 米
- 软烫条：黑色仿真丝色丁斜裁布条 20 厘米×2.5 厘米、双面黏合衬条 40 厘米

[**其他材料**] 填心布块（天蓝色、浅紫色）、棉花、封底用单面黏合衬、蓝黑色天然羽毛 6 片、与面料同色的缝线

[**注意事项**] 扣子封底完成后，涂上热熔胶或者布料专用软胶粘贴羽毛。

＜制作要点＞

① 用软烫条制作扣头结，参照第 72 页。

② 根据实物尺寸图用硬烫条造型并缝合，参照第 90 页。

　襻圈的大小根据扣头结来定，纽襻尾部比扣头尾部短约 0.3 厘米。

③ 连接扣头结，参照第 74 页的方法三。

④ 填心、封底，参照第 91 页。

⑤ 根据实物尺寸图，粘贴羽毛。

→ **实物尺寸图见实物大纸型 p.12**

● = 起点
● = 终点

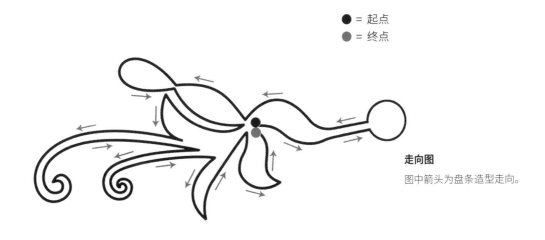

走向图
图中箭头为盘条造型走向。

缝制图

图中灰色圆点为需要缝合的
位置，缝制时按照图中灰色
连线依次缝合。

123

夏花

彩图见 p.46

[**所需盘条**]（含耗损量）硬烫条：浅灰色仿真丝色丁斜裁布条 1.8 米×2.5 厘米、双面黏合衬条 3.6 米、铜丝 1.8 米

[**其他材料**] 填心布块（枣红色、深绿色、烟灰色、白色、浅灰色），棉花，封底用单面黏合衬，直径 2 毫米的烫钻片浅绿色、
金色各 1 片，直径 3 毫米的烫钻片中绿色、深绿色各 1 片，直径 3 毫米的烫钻片金色 2 片，直径 1 厘米的仿翡翠扣
头圆珠 1 颗，直径 2 毫米的金色米珠 1 颗，金色绣线，与面料同色的缝线

[**注意事项**] 叶片的填心部分用金色绣线缝了一些线条作为叶脉。

< 制作要点 >

① 根据实物尺寸图用硬烫条造型并缝合，参照第 90 页。

② 缝合圆珠和米珠，参照第 78 页。

③ 填心、封底，参照第 91 页。

④ 烫钻，参照第 107 页。

⑤ 在叶片填心上缝线迹，参照第 79 页。

→ 装饰配件图见 p.84

→ 实物尺寸图见实物大纸型 p.14

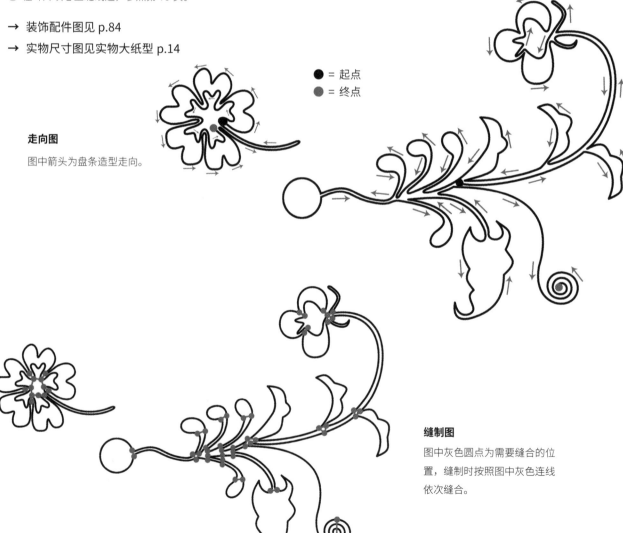

● = 起点
● = 终点

走向图

图中箭头为盘条造型走向。

缝制图

图中灰色圆点为需要缝合的位
置，缝制时按照图中灰色连线
依次缝合。

▌瑞禾

彩图见 p.47

[**所需盘条**]（含耗损量）硬烫条：银色仿真丝色丁斜裁布条 1.2 米×2.5 厘米 2 根、双面黏合衬条 4.8 米、铜丝 2.4 米

[**其他材料**]填心布块（枣红色、米白色）、棉花、封底用单面黏合衬、直径 1 厘米的仿象牙扣头圆珠 1 颗、直径 2 毫米的红色米珠 1 颗、
　　　　　与面料同色的缝线

[**注意事项**]造型要对称。填心细节处可用针尖整理挑尖，保证填心饱满无空隙。

<制作要点>

① 根据实物尺寸图用硬烫条造型并缝合，参照第 90 页。扣头尾部要比纽襻尾部长 0.3 厘米左右。

② 缝合圆珠和米珠，参照第 78 页。

③ 填心、封底，参照第 91 页。

→ 实物尺寸图见实物大纸型 p.15

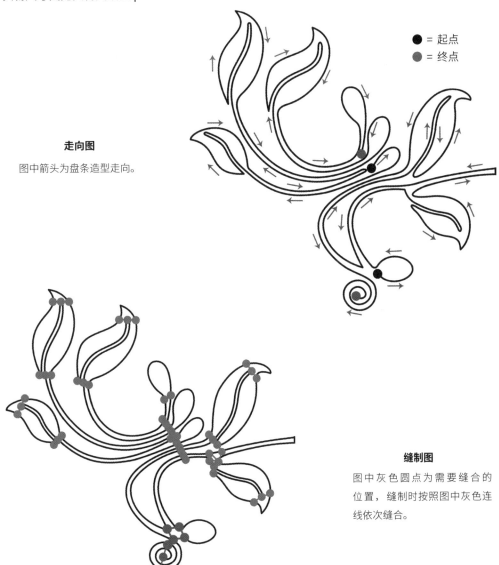

● = 起点
● = 终点

走向图

图中箭头为盘条造型走向。

缝制图

图中灰色圆点为需要缝合的位置，缝制时按照图中灰色连线依次缝合。

▌ 朝颜

彩图见 p.48

[**所需盘条**]（含耗损量）硬烫条：米白色仿真丝色丁斜裁布条 1.1 米×2.5 厘米、双面黏合衬条 2.2 米、铜丝 1.1 米

[**其他材料**] 填心布块（咖啡色、米白色、橘色、淡紫色）、棉花、封底用单面黏合衬、直径 1 厘米的仿象牙扣头圆珠 1 颗、直径 2 毫米的金色米珠 1 颗、与面料同色的缝线

[**注意事项**] 造型线条柔顺，填心饱满平整。

< **制作要点** >

① 根据实物尺寸图用硬烫条造型并缝合，参照第 90 页。

② 缝合圆珠和米珠，参照第 78 页。

③ 填心、封底，参照第 91 页。

→ 实物尺寸图见实物大纸型 p.15

● = 起点
● = 终点

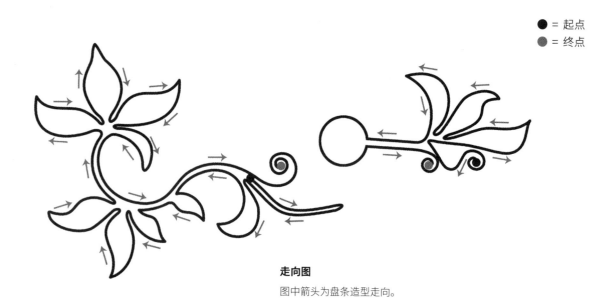

走向图
图中箭头为盘条造型走向。

缝制图
图中灰色圆点为需要缝合的位置，缝制时按照图中灰色连线依次缝合。

▌霜叶

彩图见 p.49

[**所需盘条**]（含耗损量）

- 硬烫条：咖啡色仿真丝色丁斜裁布条 1.9 米×2.5 厘米、双面黏合衬条 3.8 米、铜丝 1.9 米
- 软烫条：深绿色仿真丝色丁斜裁布条 30 厘米×2.5 厘米、双面黏合衬条 60 厘米

[**其他材料**] 填心布块（白色、朱红色、酒红色、豆绿色、深绿色）、棉花、封底用单面黏合衬、直径 3 毫米的金色水晶珠 6 颗、
金葱胶（绿色、金色亮粉）、与面料同色的咖啡色和深绿色缝线

[**注意事项**] 填心细节处可用针尖整理挑尖，保证填心饱满无空隙。

< 制作要点 >

① 根据实物尺寸图用硬烫条造型并缝合，参照第 90 页。

② 用软烫条制作扣头、纽襻，参照第 72 页和第 85 页。

    扣头尺寸：扣头结直径约 1 厘米 +1.8 厘米 +0.5 厘米折边

    纽襻尺寸：襻圈 +1.5 厘米 +0.5 厘米折边

③ 连接扣头、纽襻，参照第 74 页的方法一。

④ 填心、封底，参照第 91 页。

⑤ 钉缝水晶珠，可如图钉缝也可根据个人喜好钉缝。

⑥ 涂抹金葱胶，可参照作品图也可依个人喜好。

→ 装饰配件图见 p.84

→ 实物尺寸图见实物大纸型 p.16

● = 起点
● = 终点

走向图

图中箭头为盘条造型走向。

缝制图

图中灰色圆点为需要缝合的位置，缝制时按照图中灰色连线依次缝合。

图书在版编目 (CIP) 数据

盘扣制作入门必备 / 斐然著 . —郑州 : 河南科学技术出版社 , 2024.1 （2024.4重印）
ISBN 978-7-5725-1277-3

Ⅰ . ①盘… Ⅱ . ①斐… Ⅲ . ①绳结–手工艺品–制作 Ⅳ . ① TS935.5

中国国家版本馆 CIP 数据核字 (2023) 第 189994 号

出版发行：河南科学技术出版社
　　　　　地址：郑州市郑东新区祥盛街 27 号　邮编：450016
　　　　　电话：（0371）65737028　65788613
　　　　　网址：www.hnstp.cn
责任编辑：梁　娟
责任校对：王晓红
整体设计：李小健
责任印制：徐海东
印　　刷：北京盛通印刷股份有限公司
经　　销：全国新华书店
开　　本：889 mm×1 194 mm　1/16　印张：9　字数：300 千字
版　　次：2024 年 1 月第 1 版　2024 年 4 月第 2 次印刷
定　　价：58.00 元